U0735287

专家解读艺术品鉴赏投资丛书

03

家具
鉴赏投资指南

关 毅 文物鉴赏家，收藏家，
宫廷家具修复专家
主编

中国书店

图书在版编目（CIP）数据

　　家具鉴赏投资指南 / 关毅主编. — 北京：中国书店，
2014.9
　　（专家解读艺术品鉴赏投资丛书）

　　ISBN 978-7-5149-1146-6

　　Ⅰ.①家… Ⅱ.①关… Ⅲ.①家具 – 鉴赏 – 指南②家
具 – 投资 – 指南 Ⅳ.①TS664-62②F768.5-62

　　中国版本图书馆CIP数据核字(2014)第157711号

家具鉴赏投资指南

主　　编：关　毅
责任编辑：陈　扬

出版发行：*中国书店*
地　　址：北京市西城区琉璃厂东街115号
邮　　编：100050
印　　刷：北京盛兰兄弟印刷装订有限公司
开　　本：787mm×1092mm　1 / 16
版　　次：2014年9月第1版　2014年9月第1次印刷
字　　数：100千字
印　　张：13
书　　号：ISBN 978-7-5149-1146-6
定　　价：88.00元

前 言

誉满全球的历史学家汤恩比曾经在预言未来世界格局时说道："19世纪是英国人的世纪，20世纪是美国人的世纪，21世纪是中国人的世纪。"这一预言轰动了全世界，由此产生的争论更是异常热烈、发人深思……

中国是世界上文明发源最早的国家之一，也是世界文明发展进程中唯一没有出现历史中断的国家，在人类发展漫长的历史长河中，创造了光辉灿烂的古代文化。尽管这些文化遗产经历了难以计数的天灾和人祸，历尽了人世间的沧海桑田，但仍旧遗留下来无数的艺术珍品。这些珍品都是我国古代先民们勤劳智慧的结晶，是中华民族的无价之宝，是中华民族高度文明的历史见证，更是中华民族千年文明的承载。

同时，中国的历史文物和艺术品，是世界文化的精髓，是人类历史宝贵的物质资料，反映了中华民族的光辉传统、精湛工艺和发达的科学技术，对后人有极大的感召力，并能够使人受到鼓舞、得到启迪，从而更加热爱我们伟大的祖国。

俗话说："乱世多饥民，盛世多收藏。"改革开放使中国人民的物质生活质量得到了全面提高，更使中国艺术品投资市场日渐红火，且急遽升温，如今可以说异常火爆。艺术品投资确实存在着巨大的利润空间，这个空间让所有人闻之心动不已。于是乎，许多有投资远见的实体与个体（无论财富多寡）纷纷加入艺术品投资市场，成为艺术品收藏的强劲之旅，艺术品投资市场也因此而充满了勃勃生机。

艺术品有价且利润空间巨大，确实值得投资。然而，造假最凶的、伪品泛滥最严重的领域也当属艺术品投资市场。可以这样说：艺术品投资的首要问题不是艺术品目前价格与未来利益问题，而应该说是真伪问题，或者更确切地说是如何识别真伪的问题！如果真伪问题确定不了，艺术品的价值与价格就无从谈起。

该丛书是国内第一套，将各类艺术品的历史文化知识、时代特点、鉴别特征与现实市场投资和收藏保养技巧紧密结合的收藏类图书，是一套融知识性、实用性于一体的艺术品收藏与投资的经典读物。丛书包含各类艺术品的基本文化、投资市场分析、投资技巧、保养技巧等方面知识，以便读者能够更系统地掌握艺术品收藏与投资的基本知识和实用技巧。

　　丛书是在总结和吸收目前各种版本的同类图书优点的基础上进行策划和编辑制作的，内容全面，分类科学，版式新颖，实用性强，装帧精美，价格合理，具有较强的可读性和操作性。适合广大艺术品收藏爱好者、国内外各类型的拍卖公司、文物公司（商店）的从业人员和具有中等文化程度以上的一般读者，同时也适用于广大中学、大学历史教师和学生学习参考使用，是各级各类图书馆和相关院校的图书馆馆配首选。书中的不足之处，请广大读者及时反馈给我们。

编者

2014年8月

目录

第一章　家具的起源与发展

第二章　明清家具的发展

第三章　明清家具的特点

第四章　明清家具的种类及装饰

第五章　明清家具的鉴定

第六章　家具的辨伪技巧

第七章　明清家具的鉴赏与价值

第八章　清式家具的收藏

第九章　明清家具的投资

第十章　家具的保养技巧

附　录

家具的起源与发展

　　家具既是物质产品，又是艺术作品。家具是某一时期一定地域社会生产力发展水平的标志，是某种生活方式的缩影，是某种文化形态的显现，因而家具凝聚了丰富而深刻的社会性。它与人类的生活密切联系，具有十分悠久的历史。中国家具的诞生与演变，经过三千多年的漫长岁月。秦汉以前席地而坐，西晋之后坐具向高发展，至唐五代之后，垂足而坐渐成主流。宋元时期家具制作更有长足发展，已经初现明清家具的雏形。

　　我国古代家具主要有席、床、屏风、镜台、桌、椅、柜等。席，是最古老、最原始的家具，最早由树叶编织而成，后来大都由芦苇、竹篾编成。魏晋南北朝以后，床的高度与今天差不多，成为专供睡觉的家具。唐宋以来，高型家具广泛普及，有床、桌、椅、凳、高几、长案、柜、衣架、巾架、屏风、盆架、镜台等，种类繁多，品种齐全。各个朝代的家具，都讲究工艺手法，力求图案丰富、雕刻精美，表现出浓厚的中国传统气派，是我国传统文化的一个重要组成部分。

一、家具概说

　　人类生活与家具有着密不可分的关系，因为要生存就必须有居住的地方，即使穴居山洞之中，也要有生活器具。石器时代原始先民就已在使用以石块堆成的原始家具，这就是后来家具的雏形。大约在神农氏时代，人们为了避湿御寒用植物枝叶或兽皮作坐卧之具，这就是最古老的家具——席，席地而坐的生活习俗即从那时开始。在相当长的一段时间内，至少在先秦时期席仍是重要的坐卧用具，是床榻之始祖。从出土的情况看，石器时代的家具仅有席。

　　商周时期出现了铜俎和铜禁。俎、禁是祭祀用的礼器，俎为切割牲畜时置牲的用具，禁为放置供物的器具。俎、禁为后世几、案、桌、椅、箱、柜等家具的原始雏形。从出土的周代曲几、屏风、衣架，春秋战国漆俎、漆几，河南信阳长台关战国墓的彩漆大床、雕花木几、漆箱等，可以大体知道我国很早已有床、几、案、箱、屏风等家具。这些家具无论髹饰、雕刻及彩绘技艺，均已达到了相当高的水平。

　　汉代在席地而坐的同时，出现了一种曲腿坐榻的习俗。当时床榻比较低矮，床为卧具，形体较大，榻主要待客而用，相对较小，也有多人合坐的连榻。榻床周边多设置屏风，床榻前配有几案，但都较为低矮。汉代的食案与后世的托盘高度差不多，但有矮足，"举案齐眉"中所说的案即是这种矮足食案，翘头案在汉代也已出现。东汉灵帝时，北方

◎青铜龙纹禁　西周

3

◎青铜俎　春秋

游牧民族的胡床传入中原。胡床即后世的马扎，这是一种高足坐具，它适应游牧民族的生活特点，可以折叠，易于携带，后来声名显赫的交椅即为胡床演变而来。

魏晋南北朝时期，由于佛教的影响和各民族文化交流融合，高型家具面世，垂足而坐的风俗开始出现。高型坐具品种不断增加，除了胡床之外，相继出现了椅、凳、墩、双人胡床等。高型坐具的出现，带来了新的起居方式，从此以后，传统的席地而坐，不再是唯一的起居方式。此时的家具装饰图案也一改以往以龙凤为主的动物鬼神纹饰，出现了与佛教有关的莲花纹、飞天等纹饰。如甘肃敦煌285窟西魏壁画中"山林仙人"的画像是仙人盘坐在一把椅子上，这是中国家具史上最早的椅子形象。这把椅子与以往的坐具明显不同，椅子两边有扶手，后有靠背，搭脑出头，与后世的灯挂椅非常相似。壁画上还有一件带脚踏的扶手椅，这把扶手椅较高，其座部的高度和扶手高度，与后世的椅具高度已没有多少差别。此椅上仙人完全垂足而坐，显示了此时期已有现代的坐具的雏型。

唐代是我国传统起居方式从席地而坐向垂足而坐逐渐转变的时期，即高型与矮型家具的共存时期。

大唐盛世，经济繁荣昌盛，文化丰富多彩。由于建筑业的兴旺发达，歌舞升平的生活环境需要室内空间宏大宽敞，这为家具的发展提供了极富想象的空间。唐代家具厚重宽大，气势宏伟，线条丰满柔和，雕饰富丽华贵。髹漆家具上已使用螺钿镶嵌技艺，壶门装饰在床榻上也属常见。

元代家具基本上以沿袭宋制为主，变化不是很大。抽屉桌是元代的新兴家具，如山西文水北峪口元代墓壁画中长方形抽屉桌，桌面下有两个抽屉，屉面上有吊环、三弯腿、带托泥，其造型豪放雄壮，为前代所无。

明代家具是我国家具发展史上的一座高峰，其盛况一直延续至清代早期。这一时期制作的家具被后世誉为"明式家具"。这一概念一般并不包括明代早期所制的漆木家具，而是指当时以黄花梨、紫檀、鸡翅木、铁力木、乌木、红木等硬木及榉木、榆木、楠木、核桃木等白木制作的高级家具。由于这些材质本身色泽纹理华美，所以明式家具少有髹漆，仅上蜡打磨以突出木质的自然美感。

◎黄花梨四出头官帽椅（一对）　明代

113.5厘米×59厘米×48厘米

四出头官帽椅在座椅品级中，是身居高位者的坐椅。它匀称的雕刻与艺术的线条，成为最受人们欢迎的中国家具之一。这对四出头官帽椅具有典型的样式——全无雕刻饰品，却有雕刻的流畅线条，可与苏州出土的晚明王锡爵墓中的袖珍家具，以及常见于晚明木刻版画中的典型四出头官帽椅相比较。

此椅柔和的圆头形搭脑和双曲线素靠背板流畅地相接，使整体产生圆润及简洁感。扶手在鹅脖处出头，没有强固牙板。椅盘以明榫格角榫攒边法制造，在透眼处与抹头齐；下有两根弯帮加强椅面作用。原来的软席屉已换成硬板，椅盘下安置弧度优美的起线壶门券口牙子，两侧及后面则为素牙子。传统的椭圆形扁平横枨使腿足更加坚固。踏脚枨下的牙子尺寸合宜，与上面的牙子相互配合，可谓美材美器。

◎黄花梨攒镶鸡翅木矮靠背小禅椅（一对）　明晚期
94.5厘米×51.5厘米×44.5厘米

　　此对椅直搭脑，造型少见，为一木而刻出三段相接之状，折转有力。靠背板平直宽厚，正中嵌鸡翅木板。椅盘下装素面刀牙板，腿间设步步高赶枨，正面脚踏下装素牙条。

　　该黄花梨椅造型独特，座面偏矮，造型奇妙，工艺独特。但整椅形态稳重，气韵沉静，有仙风道骨之感，堪称为禅椅。

　　此对禅椅与叶承耀先生之收藏或原为一堂。

◎黄花梨南官帽椅（一对）　明代
99厘米×64厘米×49厘米

　　通体光素，扶手和靠背呈圆弧状，使乘坐者舒适地被包围在椅子中。软藤座面。正面和侧面装细木料做成的券口牙子，横直枨加矮老。此椅搭脑与后腿、扶手和前腿以斜接方式连接，并以铜皮加固，这种做法在南官帽椅中并不多见。

五代虽也是高型家具与矮型家具的共存时代，但垂足而坐的风俗已逐渐普及，高型家具似乎已形成完整的组合。我们从五代画家周文矩的《重屏会棋图》、《宫中图》，顾闳中的《韩熙载夜宴图》及王齐翰的《勘书图》等画中可以看到，当时的家具比例尺度均非常符合人们垂足而坐的生活习惯。五代高型家具形制已经齐备，功能区别也日趋明显。四足之柱状与传统壸门构造的高型家具已经逐步确立了地位。

五代家具的造型和装饰也与唐代不同，一改大唐家具的厚重圆浑为简秀实用，为宋制家具开启了质朴的风气。

宋至明前期，家具的发展达到空前的规模与水平。宋代家具确立了以框架结构为基本形式，家具种类之齐全、式样之多姿是宋代以前任何时期都无法比拟的。宋代还产生了抽屉橱、炕桌、琴桌、折叠桌、高几、交椅等新的样式，极大地丰富了家具的品种和功能。宋代椅凳的样式更是丰富多彩，且造型更为清秀坚挺，有带托泥的长方凳和四周开光的大圆墩，还有四出头官帽椅、灯挂椅、圈椅、交椅、斜靠背椅等。

宋代家具制作工艺日益精湛，使用了大量素雅的装饰线脚和构件，如牙条、矮老、罗锅枨、霸王枨、托泥下加龟脚、高束腰、马蹄脚、雕花腿等，使家具造型极富变化，其中桌椅腿足的变化尤为显著，也为明代家具的发展打下了坚实的基础。

◎黄花梨无束腰瓜棱腿方桌　明代
84厘米×99厘米×99厘米

桌面攒框两块一木对开的心板，下设穿带。无束腰，攒牙子边缘起线，长短木料圆角相接。桌腿起瓜棱线，俊俏挺拔。

◎黄花梨圆腿顶牙罗锅枨瘿木面酒桌　明代
87厘米×104厘米×73厘米

这张酒桌结构完美，比例匀称，做工考究，其线条的运用和空间的完美分割颇有功力，是明代家具优雅的典范。面心采用整张楠木瘿木制成，借此由不同的材料来完成生动的装饰效果。

◎黄花梨书箱　清早期

16厘米×40厘米×22厘米

　　这只黄花梨书箱造型典雅，宝光莹润，纹理美观。尤其值得称道的是它考究的制作工艺：所有对称的看面均是以木对开，立墙内外圆角相接，箱顶微向上拱，白铜云头拍子嵌紫铜，采用平卧式安装。

◎黑漆地描金云龙翘头案　清中期

35厘米×104厘米×86.5厘米

◎红木扶手椅（一对） 清代
57厘米×44厘米×92厘米

◎红木长方桌 清代
62厘米×36厘米×39厘米

明代城镇发展迅速，商品经济繁荣，家具的需求急剧增加，且已形成社会时尚。加之海外贸易的发展，郑和七次下西洋，带来了大批优质的木材，如紫檀、黄花梨、鸡翅木等，对明式家具的发展起到了非常重要的作用。

明代贵族大肆修造私宅和园林，这些豪宅府邸的家具陈设大都为明式家具。由于不少文人参与设计，家具的样式自然也包含了文人崇尚古朴典雅的心襟。因此明式家具恬淡宁静、素洁脱俗、内敛简约，蕴含着极强的文人气息和艺术风格，且制作工艺一丝不苟、精致考究，长期以来一直备受世人仰重。

明人在家具的设置上讲究空灵明快，舒展大方，实用为先。明代文震亨《长物志》对家具设置有着极为精妙的论述："位置之法，繁简不同，寒暑各异，高堂广榭，曲房奥室，各有所宜。"

清代早期，家具制作依然沿袭着明代的一贯做法，并不断改进和提高，且技艺更为精

◎红木雕吉庆圈椅（一对）　清代

61厘米×47厘米×96厘米

巧，传世的不少明式家具精品，大都是这一时期制作。到了雍正乾隆年间，家具制作风格一改前期的挺秀隽永、质朴的书卷气息，变得极为浑厚豪华、气势非凡。用料粗硕宽绰，造型雄伟庄严；装饰上极为繁缛，力求富贵华丽。大量选用玉石、象牙、珐琅、贝壳等名贵材料，雕嵌镶填，多种工艺并用，使家具周身装饰几无空白之处，其富丽堂皇达到了空前绝后的境地，因而形成了家具中的乾隆风貌，世称"乾隆工"。这些家具后世被称为"清式家具"，也有称"宫廷家具"，颇多迎合当时皇家官宦追求虚荣的意趣。

清代晚期社会经济日衰，家具装饰过多过滥，以至堆砌愈益繁琐，尤其是椅具线条粗重笨拙，尺度不合人体舒适的功能需求，风格也少有韵味。这种偏重形式、不求实用的做法，终因华而不实使清代家具走向末路。

但是清代的民间家具，尤其是榉木家具并没有受到太多的影响，它们仍遵循以实用为先的准则，大体沿袭着质朴、简洁、实用的传统风格，有的形制依然与明式家具形同孪生。

二、先秦家具

1. 家具的起源——席

汉语中有"席地而坐"一词，最早、最原始的家具便是坐卧铺垫用的席。席的产生，约在神农氏时代。考古界发掘出土的最早实物有新石器时代的蒲席、竹席和篾席等，距今已有五千多年。从夏、商、周一直到两汉时期，古人在居室生活中始终没有离开过席，席便成了这一时期最主要的家具。

首先，古人将"席"与"筵"结合在一起，形成一套"重席"制度。一方面，用它来防潮避寒；另一方面，根据不同的习俗和需要，在日常生活中以设席的方式来表现各种规制和礼节。故《周礼》有所谓"王子之席五重，诸侯三重，大夫再重"的记载。

那时，古人不论是生活起居，还是接待宾客，都在室内置席。不过，"席不正不坐"，于是就有所谓"君赐食，必正席先尝之"等各种各样的规矩和习惯，如在《礼记》中有"席，南向北向，以西为上，东向西向，以南为上"等规定。在古籍中，我们常能看到不少"连席"或"割席"的生动故事，显示出因身份或志趣的不同，坐席也有明显区别。由此可见，中国古代家具从一开始就蕴含着极其丰富而深邃的文化内涵。

当时使用的筵和席有很多种类，从选用材料到编制织造，大多十分讲究。《周礼·春官》中记载的"莞、藻、次、蒲、熊"，就是运用不同材质分别制成不同花纹和色彩的五种席，它们都以各自的特色，满足各种不同的要求。《尚书·顾命》里所提到的"丰席"

和"笪席",均是经过特别选料,精致加工的优质竹席。

总之,席这种最古老的家具,不仅是中国古代"席地而坐"的生活用品,还是古代习俗和礼仪规制的直接体现,是我们民族物质文化的重要组成内容,具有最悠久的历史和传统。

2. 木制家具的肇始——史前彩绘木家具

1978～1980年间,中国社会科学院考古研究所山西工作队等单位在山西襄汾陶寺龙山文化墓地发掘出土了中国迄今最早的木制家具,揭开了中国史前家具光辉灿烂的一页。这些家具中,最具代表性的有木几、木案和木俎。木几平面均为圆形,圆周起棱边,下置束腰喇叭状的独足;几面直径多在80厘米以上,通高30厘米左右。木案的"形状很像一个长方形的小桌",平面通常为长方形或圆角长方形,在一长边与两短边间构成"H"形板足,有的在另一长边中还加置一圆柱形足;案长90～120厘米,宽25～40厘米,高10～18厘米不等。木俎大多为四足,用榫与俎面的榫眼相接,长方形俎面较厚,长50.5厘米,宽30～40厘米,俎高12～25厘米。

这些木制家具,大多在器身表面施加彩绘,有的单色红彩,有的以红彩为地,再绘彩色花纹。由于埋藏在地下四千多年,木胎已经完全腐朽,经考古工作者采用科学方法起取

◎青铜三联甗　商代

出土、复原后，真实地再现了古代早期家具的肇始形态，为研究中国古代史前家具填补了实物空白。

3.商周青铜家具

商周是中国古代青铜器高度发达的时期，此期家具以青铜器的形式，为我们留下了这一历史阶段中的珍贵实物资料。被鉴定为殷商器的青铜饕餮蝉纹俎，就是一件较早的青铜家具。该俎造型别致，纹饰精美，具有很高的艺术价值。西周时期的四直足十字俎和商代壶门附铃俎，也都是极其珍贵的青铜家具实物。

1976年在殷墟王室妇好墓出土的青铜三联甗座，高44.5厘米，长107厘米，重113千克，六足，四角饰牛头纹，四外壁饰有相互间隔的大涡纹和夔纹。座架面上有三个高出的圈，可同时放置三只甗，故名"三联甗座"。这件甗座不仅是一件不可多得的大型青铜器，更是一件典型的早期青铜家具。这件青铜甗座的出土，进一步为我们展示了商周时期中国古代家具独特的形式和极高的艺术水平。

与此类似的是放置各种酒器的青铜禁，实物有天津历史博物馆收藏的西周初年的青铜夔纹禁和美国纽约大都会艺术博物馆收藏的西周青铜禁。后者当年在陕西凤翔出土时，禁面上仍摆放着卣、觚、爵等十三件酒器。这两件青铜禁，都是不可多得的商周青铜家具。据古籍记载，禁可分为无足禁和有足禁。以上两件均是无足禁。1979年，河南淅川县楚令尹子庚墓出土了一件春秋时期的有足铜禁，长107厘米，宽47厘米，长方体，禁面中心光素无纹，边沿及侧面都饰透雕蟠螭纹，下面有十只圆雕的虎形足，禁身四周铸有向上攀附的十二条蟠龙。卓越的铸造工艺，使青铜家具的造型艺术达到了登峰造极的地步。

1971年，在河北平山县战国中山国王墓中出土的错金银龙凤铜方案，更是一件罕见的古代家具瑰宝。此案因"设计造型之奇巧，制作技术之高超，装饰工艺之精湛"，出土以来，一直受到文物界、工艺美术界的高度重视，被视为中国古代物质文明的重要象征之一。

人们日常生活所需要的家具，总与同时代居室生活中的各类器物保持相应的一致。青铜家具也和其他青铜器一样，不仅是青铜时代灿烂文化的标志，还代表着中国古代家具发展的重要历史阶段。每当人们从后世的古典家具中看到与青铜器物造型的渊源关系时，就会更加深刻地认识到，一个民族传统文化传承性在物质文明史上所具有的重要意义和地位。

4.春秋战国漆木家具

中国古代家具的发展过程，一直是以漆木家具为主流，从史前的彩绘木家具，到春秋战国时期的漆木家具，反映着中国早期家具的主要发展历程。

春秋战国时代是中国历史上百家争鸣、文明昌盛的时期，社会的繁荣对物质文化的发展起着巨大的推进作用，铁制工具的普遍采用和高度发达的髹漆工艺，为漆木家具的发展提供了优越的条件。尤其在楚国，漆木家具广泛应用，家具品类增多，质量提高。漆俎在战国楚墓中有时一次出土就多达几十件，说明该品种自商周以来已达到成熟的阶段。1988年6月，湖北当阳赵巷四号春秋墓出土的一件漆俎，除俎面髹红漆外，其他均以黑漆作地，用红漆描绘十二组二十二只瑞兽和八只珍禽。禽兽在外形轮廓线内采用珠点纹装饰。该俎造型生动别致，画面图像形神兼备。瑞兽似鹿，俎纹取"瑞鹿"为题材，应是楚人崇鹿风尚的体现。《礼记·燕义》还有"俎豆牲体荐羞，皆有等差，所以明贵贱也"的记载，说明这件精美而富有意味的漆绘家具，更是当时社会宴礼待宾、祭祀尊祖讲究器用的真实反映。

俎，有虞氏时称"梡"，夏后氏时称"嶡"，商代称"椇"，周代称"房俎"。河南信阳一号楚墓出土一件黑漆朱色卷云纹俎，其两端各有三足，足下置横跗，长99厘米，宽47.2厘米，高23厘米，规格比一般漆俎大得多。这件大型的漆俎，考古界有人认为就是房俎，可能是当时俎的一种新形式，已与漆案渐渐接近。这也许就是以后俎很快被几、案替代的一个重要原因。

春秋战国时代的漆禁与商代和西周的青铜禁已经有了较大的差异，如信阳出土的漆禁，其禁面浮雕凹下两个方框，框内有两个稍凸出的圆圈圈口。出土时，在禁的附近发现

◎有足铜禁　春秋

有高足彩绘方盒，其假圈足与此圆圈可以重合。这说明，禁的使用功能不断扩大，造型也出现了新的变化。

无论在实用性还是装饰性上，春秋战国时期最富有时代性和代表性的家具是漆案和漆凭几。《考工记·玉人》载："案十有二寸，枣栗十有二例。"可见春秋战国时，案的品种分门别类，已日趋多样化，并且多与"玉饰"有关，是一种比较新式的贵重家具，因此大多造型新颖，纹饰精美。湖北随县曾侯乙墓出土的战国漆案和河南信阳楚墓出土的金银彩绘漆案，皆是这类漆木家具中最优秀的典范。

春秋战国的漆几，有造型较为单纯的"H"形几。这种几仅采用三块木板合成，两侧立板构成几足，中设平板横置，或榫合，或槽接，既有强烈的形式感，又有良好的功能效果。较多见的是几面设在上部，两端装置几足的各种漆几。根据几面的宽、狭，又可分为单足分叉式和立柱横跗式两种类型。立柱横跗的也有多种不同的形制。在长沙刘城桥一号楚墓出土的漆几，几的两端分立四根柱为几足，承托几面，直柱下插入方形横木中，同时另设两根斜档，从横跗面斜向插入几面腹下，使几足更加牢固，形体更加稳健。这些先秦时期漆凭几的造型和结构，使我们看到先秦漆木家具在不断创新发展中取得的巨大进步。

春秋战国的漆木家具还有雕刻、彩绘精美的大木床，工艺构造精巧、合理的框架拼合折叠床，双面雕绘、玲珑剔透、五彩斑斓

彩绘漆俎 战国

◎ "H"形漆凭几 战国

◎镶嵌龙凤方案 战国中期

15

的装饰性座屏，以及具有各种不同实用功能的彩绘漆木箱等等。它们无一不是春秋战国时期漆木家具的优秀代表，是中国席坐时代居室文明的重要标志。

三、汉唐家具的发展

1. 汉代家具的发展

中国历史进入汉代以后，呈现了一个繁荣昌盛的新局面，尤其在汉武帝时期，无比强大的国力和思想领域的一统化，迅速加快了战国以来社会习俗的大融汇。中国作为一个地大物博、人口众多、以汉民族为主体的多民族国家，汉代的物质文化又发展到了一个更高的水平。

汉代统治阶级居住在"坛宇显敞，高门纳驷"的宅第中，过着歌舞升平、百戏宴饮的享乐生活，与这种生活方式相适应的汉代家具在形制上也更加讲究起来。刘歆在《西京杂记》中，就有"武帝为七宝床、杂宝案、侧宝屏风、列宝帐设于桂宫，时人谓之四宝宫"的描绘。

在江苏邗江县胡场汉墓中发现一幅木版彩画，画幅上部绘有四人，墓主人端坐在一榻之上，衣施金粉，体态高大，其余三人都面向左呈拱手作揖或跪立状。画幅下部绘一帷幕，其下有一人坐在榻上，前置几案，案上有杯盘，几下放香熏，侍女跪立榻后；伶人彩衣轻飘，一倒立，一反弓，姿态优美生动；成双成对的宾客皆席坐在地，聚精会神地观赏表演。右边是击钟敲磬、吹笙弹瑟的乐队在进行伴奏。这幅反映墓主人生前欢乐生活的绘画作品，无疑也是汉代现实生活的形象记录，再现了当时居室生活与家具的真实情况。汉代在"席地而坐"的同时，开始形成一种坐榻的新习惯，与"席坐"和"坐榻"相适应的汉代家具，在中国古代家具史上写下了新的篇章。

由商周时期的筐床演变而成的榻，到汉代已是日益普及的一种家具，故"榻"这个名称迟至汉代才出现。1958年，河南郸城出土一件西汉石榻，青色石灰岩质，长87.5厘米，宽72厘米，高19厘米。榻足截面和正面都为矩尺形，榻面抛出腿足，造型新颖，形体简练。在榻面上刻有"汉故博士常山太傅王君坐榆（榻）"隶书一行，共十二字。这不仅是一件罕见的西汉坐榻实物，其中更有迄今所见较早的"榻"字写法。汉榻一般较小，有仅容一人使用、实用而方便的独榻。简单的小榻还称"枰"。根据使用要求和场合的不同，东汉以后，更多的是供两人对坐的合榻，还有三五人合坐的连榻。从大量的汉代画像中可以看出，这些大型的汉榻不会小于卧床。

席坐文化时期，居室内常常采用帷幕、围帐来抵御风寒。到汉代，随着床榻的广泛运用，这一功能越来越多地被各种形式的屏风所替代。屏风既能做到布置灵活，设施方便，又能改变室内装饰效果，美化环境，因此，屏风成了汉代家具中最有特色的品种。统治者们都竭力追求屏风的豪华，如《太平广记·奢侈》载，西汉成帝时，皇后赵飞燕挥霍无度，所用之物极尽铺张。有一次，她从臣下处得贡品三十五种，其中就有价值连城的"云母屏风""琉璃屏风"等。这些讲究材质和工艺的高级屏风，已成为当时一种珍贵的艺术品，在《盐铁论》中就有所谓"一屏风就万人之功"的描述。汉代屏风的最早实物有长沙马王堆出土的彩绘木屏。该屏风长72厘米，宽58厘米，屏风正面为黑漆地，红、绿、灰三色油彩绘云纹和龙纹，边缘用朱色绘菱形图案。背面红漆地，以浅绿色油彩在中心部位绘一谷纹璧，周围绘几何方连纹，边缘黑漆地，朱色绘菱形图案。屏风系座屏式，虽是一件陪葬品，但真实地展现了西汉初期屏风的基本风貌。

汉代屏风多设在床榻的周围或附近，也有置于床榻之上的，形式除座屏以外，更多的是折叠屏风，有两扇、三扇或四扇折的，金属连接件十分精致。各种屏风与后世的式样并无多大差异。可以说，在中国古代家具史上，屏风是流传最久远，最富有民族传统特色的家具品种之一。

与汉榻配置密切的家具除屏风以外还有几和案。汉几多见置于榻上或榻前，以曲栅式的漆几最普遍。各种凭几大多制作精良，富有线条感。《释名·释床帐》云："几，庋也，所以度物也。""度"即"藏"，故知汉几的功能不断得到扩大，有时还可以用它来放置东西，如案一样摆放酒食等，甚至供人垂足而坐。另外，在朝鲜古乐浪和河北满城一号西汉墓中出土的漆凭几，几足可作折叠，可高可低，根据需要加以调节，其设计之巧妙，构造之科学，对中国古代家具的发展有着特殊的意义。

汉代家具中常见的案，在规格、形制和装饰方法上都出现了很大的变化。除漆案以外，还有陶制和铜制的，品种有食案、书案、奏案等以满足社会的各种需要。至于汉代是否有桌，至今仍存在着分歧，但从一些画像砖和壁画等图像中，已经看到一些功能和形式都近似桌的家具。

综上所述，居室生活处在"席坐"向"坐榻"过渡时期的汉代，家具的品类和形式不断增多，功能也不断得到改善和提高。这一时期的家具，虽然依旧形体低矮，结构简单，部件构造也较单一，在整体上仍保持着中国古代前期家具的主要风格和特点，家具立面的形式变化较丰富，榫卯制造渐趋合理，这些都为增进家具形体高度奠定了良好的基础。汉代家具在继承先秦漆饰传统的同时，彩绘和铜饰工艺等手法日新月异，家具色彩富丽，花纹图案富有流动感，气势恢宏。这些装饰使得汉代家具的时代精神格外鲜明强烈。

2.魏晋南北朝家具的发展

魏晋南北朝时期，长期的社会动乱和国家的四分五裂，导致了中国古代社会原有体制的变革。汉族的传统文明与其他民族文明在相互交流中得到进一步的融汇和升华，产生了

◎《列女图》中的家具陈设　顾恺之　东晋

◎《列女古贤图》中的家具

一次新的突破。同时，思想领域内儒、道、佛之间互相影响和吸收，出现了许多新的文化基因。再加上新兴士族阶层在各个方面所起的催化作用，传统的跽坐礼节观念很快淡化，社会的生活方式和民风习俗得到了自由发展的机会。中国古代社会进入了一个较开放的历史阶段。

这时，人们生活必需的家具，既有继承传统的品种和式样，又有来自天竺佛国的形式，还有西域胡人传入的家具，魏晋南北朝的家具呈现了一种多元化的局面。

在敦煌石窟285窟西魏时期的壁画中，有一幅山林仙人画像。仙人身披袈裟，神情怡然安详，姿态端正地盘坐在一把两旁有扶手、后有靠背的椅子上。这是中国古代家具史上最早的椅子形象资料。它与秦汉时期的坐具明显不同，腿后上部设有搭脑，扶手的构造与后世椅子极其相像。除此之外，魏晋南北朝的新颖坐具有四足方凳、箱体形的凳子、细腰形圆凳和坐墩等。自受汉灵帝"好胡服、胡帐、胡床……京都贵戚皆竞为之"的影响，胡床、绳床等家具也广为流行。而这些家具几乎皆是前所未有的新品种和新形式。

依据魏晋南北朝出现的椅子和胡床，我们可以发现，中国古代家具在吸收外来营养的过程中，得到了一次新的发展和提高。此后，中国家具变幻出许多新的面貌。在世界坐具发展史上，中国古代的凳子、椅子出现时间比埃及和希腊等国家晚，中国古代坐具的发展无疑受到世界各国家具的影响，但任何民族历史的发展，终究取决于民族自身的内部因素。从先秦到两汉，随着居室生活方式的演进，中国古代的家具不断选择自己需要的形式。如最具有传统特色的屏风与坐榻，到魏晋南北朝时，坐身上部的围屏已完全失去了秦汉时屏风与榻组合作用的意义；虽然坐身仍然形体低矮，但围屏高度已显著下降。这种仍称为"围榻"的坐具，与后世的一些椅子形式有着异曲同工之妙。这一传统古典式的坐具，在中国古代家具史上起着承前启后的作用。

至于胡床之类的家具，在中国古代家具史中，始终只是保持着一种外来的式样，作为汉民族居室生活中的一种补充和点缀，它的出现并没有改变中国古代家具的悠久传统。中国古代的坐具，仍是一如既往地在适应本民族生活环境基础上不断推陈出新，并从形体到结构上构建起一个完整独特的体系。

在魏晋南北朝时期，家具制造在用材上日趋多样化，除漆木家具以外，竹制家具和藤编家具等也给人们带来了新的审美意趣。总之，在这个文化交融的历史时期，民族的物质文化也日新月异，中国古代家具在继承传统和吸收外来营养的过程中，又展现出了新的风采，创造了新的历史价值。

3.隋唐家具

隋朝前后三十七年，是一个十分短暂的朝代，此期家具大多沿袭前代的形式。1976年2月，山东嘉祥县英山脚下发现一座隋开皇四年（584）的壁画墓，在墓室北壁绘有一幅《徐侍郎夫妇宴享行乐图》。图中设山水屏风的漆木榻上，有足为直栅形的几案，以及供女主人身后背靠的腰鼓形隐囊等，这与南北朝的家具风格一脉相承。

繁荣强盛的唐代，是中国封建社会又一次高度发展的时期，在手工业极其发达和社会文化高涨的大氛围中，时代精神蒸蒸日上，诗、文、书、画、乐、舞等等，进入了空前发展的黄金时代。充满琴棋书画、歌舞升平的文化生活环境，也赋予唐代家具丰富的内涵。时代风貌表现在家具上，除了随着垂足而坐的生活方式开始出现各种椅子和高桌以外，在装饰工艺上也兴起了追求高贵和华丽的风气。

具有时代特征的唐代月牙凳和各种铺设锦垫的坐具，不仅漆饰艳丽，花纹精美，而且装饰金属环、流苏、排须等小挂件，显得格外光彩夺目。瑰丽多彩的大漆案以及各种具有强烈漆饰意味的家具，与当时富丽堂皇的室内环境形成了珠联璧合、和谐得体的艺术效果。这种家具的装饰化倾向，在各类高级屏风上更显得无与伦比，受到当时诗人们的歌咏和赞叹。"屏开金孔雀""金鹅屏风蜀山梦""织成步障银屏风，缀珠陷钿贴云母，五金七宝相玲珑"以及"珠箔银屏迤逦开"等等生动的描绘，为我们展现出了

◎《六尊者像》中的家具陈设　卢楞伽　唐代

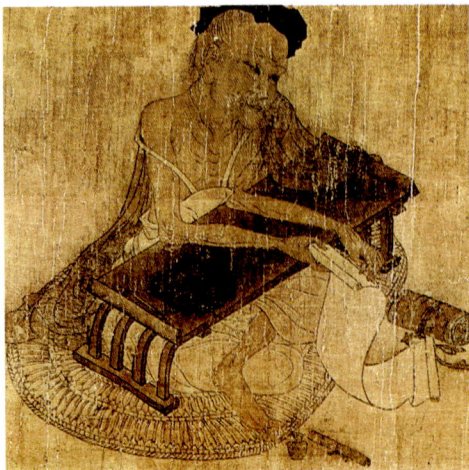

◎《伏生授经图》中的家具陈设　杜堇　唐代

一幅幅金碧辉煌、珠光宝气的屏风景象。这些屏风反映着当时人们的审美理想，说明人们在追求金、银、云母、宝石等天然物质美的同时，还格外热衷于精神文化上的体验。唐代还出现了许多高级的绢画屏风，如新疆吐鲁番阿斯塔那出土的唐代绢画屏，八扇一堂，绘画精致，色彩富丽堂皇。在唐代壁画墓中，还能见到仕女画屏风、山水屏风等等，都具有很高的文学性和艺术性。据文献记载，这种画屏价值很高，当时"吴道玄屏风一片，值金二万，次者值一万五千；阎立德一扇值金一万"。如此昂贵的画屏价格，足以证明当时人们对此的追捧。

唐代是高形椅桌的肇始时代，椅子和凳开始成为人们垂足而坐的主要坐具。唐代的椅子除扶手椅、圈椅、宝座以外，又有不同材质的竹椅、漆木椅、树根椅、锦椅等等。众多的品种、用材、工艺，充满着浓郁的时代气息。唐代高形的案桌，在敦煌85窟《屠房图》、唐卢楞伽《六尊者像》中也有具体的形象资料，如粗木方案、有束腰的供桌和书桌等等。另外，唐代还出现了花几、脚凳子、长凳等新的品种。当然，唐代人在一定程度上还未完全离开以床、榻为中心的起居生活方式，适应垂足而坐的高形家具仍属初制阶段，不仅品类的发展不平衡，形体构造上也依旧处于过渡状态。

◎《历代帝王图》中的家具陈设　阎立本　唐代

4.五代家具

　　五代的家具，从《韩熙载夜宴图》所绘的凳、椅、桌、几、榻、床、屏、座等看，已十分完善，但也有人认为画中的家具为南宋作品。画中的这些家具，究竟属五代还是南宋，确是值得考证一番，这不仅为确定今存《韩熙载夜宴图》的创作年代提供依据，而且

◎《重屏会棋图》中的家具陈设　周文矩　五代

对中国古代家具的断代也有着重要的意义。

不过，我们从周文矩的《重屏会棋图》和王齐翰的《勘书图》中，都可以对五代时期的屏风、琴桌、扶手椅、木榻等家具的造型和特征获得深入的了解。四足立柱式样与传统壸门构造的家具结构已经同时体现出它们的造型作用，并在结构的转换中逐渐确立起自己的地位。

1975年4月江苏邗江蔡庄五代墓出土的木榻等家具实物，为我们提供了研究五代家具结构真实而具体的范例。木榻长188厘米，宽94厘米，高57厘米。榻面采用长边短抹45度格角接合，但没有格角榫出现，仅采用钉铁钉的做法构成框架。两长边中间排有七根托档。托档上平铺九根长约180厘米、宽3厘米、厚1.5厘米的木条，也用铁钉钉在托档上。托档与长边连接时，皆用暗半肩榫。木榻四腿以一平扁透榫与大边相接，并用楔钉榫加固。腿料扁方，中间起一凹线，从上至脚头的两侧设计两组对称式的如意云纹，富有强烈的装饰效果。两侧腿足间设有宽4.2厘米、厚2.6厘米的横档一根。腿足与两大边相交处设有云纹角牙一对，也是采用铁钉在大边上，只是与脚部相接处采用了斜边，同时出土的还有六足木几等家具。

这件木榻与五代绘画中的家具图像有着相同的时代特征，是五代家具难得的实物资料，在中国古代家具史上具有明确断代的价值。其中如意云纹作装饰的扁腿，是富有鲜明传统特点的民族式样之一，它自隋唐一直延续到宋元，前后经历近千年的历史。明清家具中的如意云纹角牙，也都出于这一渊源。

◎《勘书图》中的家具陈设　王齐翰　五代南唐

◎《韩熙载夜宴图》中的家具陈设　顾闳中　五代

四、宋元家具的发展

　　唐五代以后，宋代的经济与文化发展继往开来，使中国物质和精神的优秀传统得到了巨大升华。中华文明的丰硕成果，在两宋时代取得了更大的收获，增添了许多新的韵味。在传统的手工业部门，宋代纺织和陶瓷都以最卓越的成就超过历史水平，中国古老的传统家具也焕发出新的精神面貌，表现出新的生命力。首先，经过魏晋南北朝和隋唐的长时间过渡，结束了"席坐"和"坐榻"的生活习惯，垂足而坐的生活方式在社会生活的各个领域里渐渐地相沿成俗，包括在茶肆、酒楼、店铺等各种活动场所，人们都已普遍地采用桌子、椅凳、长案、高几、衣架、橱柜等高形家具，以满足垂足而坐生活的需要。生活中原先与床榻密切关联的低矮型家具都相应地改变成新的规格和形式。如在河南禹县白沙宋墓一号墓西南壁的壁画中，宋代绘画《半闲秋兴图》中，都已把妇女们梳妆使用的镜台放到了桌子上。陆游在《老学庵笔记》中也对这种情景作了记载。

1.宋代家具

　　（1）巨鹿县出土的宋代木桌、木椅

　　宋代垂足而坐的家具实物，有新中国成立前河北巨鹿县出土的一桌一椅。木桌、木椅的背面都墨书"崇宁三年（1104）三月，二口四口造一样桌子二只"字样，系北宋徽宗时代的民间实用家具。木桌桌面长88厘米，宽66.5厘米，高85厘米，桌子四足近似圆形，两横档与四竖档做成椭圆六面形，剑棱线。边抹夹角为45度。格角卯榫结合，比五代木榻已有明显的改进。在边抹和角牙折角处都起有凹形线脚。木椅面宽50厘米，进深54.6厘米，

◎《绣栊晓镜图》中的家具陈设　王诜　宋代

◎《听琴图》中的家具陈设　赵佶　宋代

通高115.8厘米，座高60.8厘米。椅子搭脑呈弓形，挖弯6厘米。椅面抹头与后长边不交接，分别与后腿直接接合，抹头与前长边采用45度格角榫做法。座面面板两块拼合，端头与短抹落槽拼合，但与长边处只是平合拼接，尚未形成攒边做法。

（2）江阴县出土的北宋桌椅

1980年12月，江苏省江阴县北宋"瑞昌县君孙四娘子墓"出土杉木质一桌一椅。桌面正方形，边长43厘米，厚3厘米，桌高47.6厘米，腿足呈扁方形，与面框用长短榫相接。桌面面框宽41厘米，已采用45度格角榫接合。框内有托档两根，用闷榫连接。框边内侧有0.2厘米的斜口，与心板嵌合，心板厚0.9厘米。桌面下前、后均饰牙角。木椅椅面宽41.5厘米，进深40.5厘米，厚3厘米，通高66.2厘米，座高33厘米。此椅前长边与左右面框采用45度格角榫，后长边与左右的面框不相交，直接同后腿相接，其构造方法与巨鹿县出土的木椅大致相同，可能是北宋时椅面结构的一种通行制作程式。面框横置托档一根，承托心板。框边内侧为0.2厘米的斜口，与厚1.1厘米的心板嵌合。足高30厘米，粗4厘米×4.1厘米。前后左右设步步高管脚档，前足面框下有角牙。此椅靠背仅在两腿间设一横木，呈向后微弯状，上端所承如意形挑出的搭脑，形与唐椅搭脑相似，应是传统的承继关系。木桌四足与木椅后腿则分别钉有侍俑，他们有的手中持物，应该是另有含义。江苏溧阳竹簀李彬夫妇墓（北宋）还出土木制明器木椅和木长桌各一件，都是珍贵的宋代家具实物史料。

（3）两宋家具的成就和特色

关于两宋时代的家具，我们从大量的宋代绘画作品、发掘出土的墓室壁画、家具模型以及有关文献资料中不难看出，在形式上，它已几乎涵盖了明代家具的各种类型，如椅子，宋代已有灯挂式椅、四出头扶手椅、似玫瑰椅的扶手椅、圈椅、禅椅、轿椅、交椅、躺椅等，一应俱全。虽然其工艺做法并未完备，但各种结构部件的组合方法和整体造型的框架式样，在吸收传统大木梁架的基础上业已形成，并且渐渐得到完善，如牙板、角牙、穿梢、矮柱、结子、镰把棍、霸王档、托泥、圈口、桥梁档、束腰等。从家具形体结构和造型特征上，我们还可以看出，宋代已采用硬木制造家具。如《宋会要辑稿》记载：开宝六年（973），两浙节度使钱惟治进有"金楼七宝装乌木椅子、踏床子"，等等。乌木木质坚硬，为优质硬木，做成的椅子且作"七宝装"，足以说明当时江南制造硬木家具的水平。史籍记载的木工喻皓是江南地区一位杰出的能工巧匠，《五杂俎》中誉他为"工巧盖世"，"宋三百年，一人耳"。传说他著有《木经》三卷，可惜没有流传下来。宋代的《燕几图》是我们现在见到的第一部家具专著，这种别致的燕几是适合上层社会贵族使用的一种"组合家具"。

从总体上看，宋代家具至少在以下三方面从传统中脱颖而出：一是构造上仿效中国古代建筑梁柱木架的构造方法，形体明显"侧脚""收分"，加强了家具形体向高度发展的强度和坚固性，并已综合采用各种榫卯接合来组成实体；二是在以漆饰工艺为基础的漆木家具中，开始重视木质材料的造型功能，出现了硬木家具制造工艺；三是桌椅成组的配置与日常生活、起居方式相适应，使家具更多地在注重实用功能的同时表现出家具的个性特征。宋代家具已为中国传统家具黄金时代的到来，打下了坚实的基础。

2.辽、金家具

辽、金与两宋同处一个时代，我们从辽、金的家具中同样能了解到当时家具工艺的许多特色，如内蒙古解放营子辽墓出土的木椅和木桌，河北宣化下八里辽金墓出土的木椅和木桌，大同金代阎德源墓出土的扶手椅、地桌、供桌、帐桌、长桌、木榻等，无一不反映出它们与两宋的社会生活是相互融通的。出土的家具有些是明器，工艺构造比较简单、粗糙，但基本结构造型与宋制并无多大差异。辽、金地区出土的两件床榻，虽表现出一定的地方特色，但时代性倾向大于地区性。解放营子辽墓木床的望柱栏杆和壸门等装饰方法，都与唐宋以来的传统形式接近。从许多辽、金墓室壁画的居室生活图像中，更能看到与两宋文化的密切关系，辽、金的家具也反映着相同的文化倾向。

3.元代家具

在元朝统治的近百年间，中国古代家具依旧沿着两宋时期的轨迹，继续不断地发展和创新，家具的品种有床、榻、扶手椅、圈椅、交椅、屏风、方桌、长桌、供桌、案、圆凳、巾架、盆架等。较有代表性的是元刘贯道绘《消夏图卷》中的木榻、屏风、高桌、榻几和盆架等，与宋代家具一脉相承。山西大同冯道真墓壁画中的方桌，在保持宋代基本做法的同时，桌面相接处牙板膨出，体现了一种新的形体特征。山西文水北裕口古墓壁画中的抽屉桌，在注重功能的同时又对构造做了新的改进。腿足膨出在山西大同元代王青墓出土的陶供桌以及大同东郊元代崔莹李氏墓出土的陶长桌上都很明显。这种被考古界称为"罗汉腿"的腿式，带有地方风格的形式，也是宋代以来普遍流行的一种新的造型式样。

在赤峰元宝山元墓壁画、元代山西永乐宫壁画以及以上一些元墓出土的明器中，家具的弯脚造法和花牙的部件结构更趋向成熟，如膨牙弯腿撇足坐凳，已达到完美的程度。

元代家具的木工工艺继两宋以后又取得新的成果。山西大同东郊元墓出土的两件陶质影屏明器，已是发展了的建筑小木作工艺的优秀体现，不论是部件结构的组合方式，还是装饰件的设计安排，都遵循木工制作高度科学性的要求，以合理的形式构造表达了人们对居室家具的审美观念。

第 二 章

明清家具的发展

　　明代家具是指我国15～17世纪时期的家具，其在继承宋代及宋代以前家具艺术成果的同时，进行了更大的创新，获得了更大的发展，确定了以线条为主的造型艺术。这一时期不论是高级硬木家具、民间柴木家具，还是富丽的大漆家具，在结构、榫卯构造、造型、装饰的手法和纹样上，都具有相同的时代风貌。

　　清代家具受西方文艺复兴后的巴洛克、洛可可风格的影响，那种精雕细琢及镶金嵌玉的工艺渗浸到中国家具的制作工艺中，这种风格特点以广式家具最为突出，并得到清朝统治者的赏识。有些家具因为片面地追求装饰和雕琢，在用料上任意放大放粗，结果造成了家具结构比例失重，华丽有余，凝重不足，过分的雕饰，反而显得笨重俗气，缺乏明式家具那种简洁明快的艺术魅力。总的来说，清代家具不如明代家具的艺术成就大，但清代家具善于运用雕、嵌、描、堆等多种工艺手段，也有自己的特色。

一、明清家具概述

明清是中国家具史上最重要的两个时期。

明朝家具使用的木料通常为紫檀、黄花梨、鸡翅木、铁力木、楠木、榉木、胡桃木等。明式家具以展现木材的天然色泽和纹理以及木结构楔接为主要特色。造型上基本分为束腰和无束腰两种。我国古代家具制作一般不用金属铆钉，而是使用榫卯技术、框架结构和胶水相结合的方法做成，这在世界上可以说绝无仅有。造型、装饰上不求繁复，注重各部构件的比例尺度，特别注意与人体各部位的密切关系（这一特点早在宋朝家具上就体现出来），其制作精巧，一线一面皆严谨准确、艺术品味不同凡响。流传至今的明朝家具以明朝后期居多，且多出自苏州工匠之手，苏州是明式家具的发源地。

清朝早期沿袭明式家具风格，到了乾隆前后，各种制作流派形成以地区命名的"苏

◎黄花梨罗锅枨绿纹石面香案　明代

84厘米×84厘米×53厘米

香案是陈放香炉、香熏的专用家具。因香炉在焚香时产生热量，所以香案的案面多采用石质。香案束腰扁马蹄腿，高拱罗锅枨，装饰"事事如意"纹卡子花，边缘起浑圆的阳线，案面攒框镶嵌大块绿纹石板，石面如春水般微起波澜，温润细腻，包浆浓郁，散发着无限生机。

◎黄花梨书柜　明代

72.5厘米×47.5厘米×101.5厘米

通体为黄花梨木质，色泽古朴，造型简洁。柜顶盖卯榫结构，柜门对开，攒框镶独板，内置三层，正面带中柱双锁门。

31

◎黄花梨文房箱　明代

48厘米×24厘米×21厘米

　　此箱正面饰铜质圆面叶及云纹拍子，两侧置铜提环，灵活实用。为使之牢固，在箱盖四角等多处加装了铜质包角饰件，更显出箱子的考究。

◎黄花梨簇云纹马蹄腿六柱式架子床　明代

222厘米×252厘米×156厘米

　　这张架子床正、背两面的雕饰完全相同，都是精打细磨，每个角度都是看面，俗称"四面看"，这种做工的家具应陈设在宽大的厅堂偏靠中间的位置。此架子床的挂沿透雕螭龙夔凤和吉祥花鸟图案，龙凤图案同时出现在架子床的挂沿上。

作""京作""广作""晋作"等。

"京作"多为宫廷所作。为显示木料的质地和纹理，通常将纹理好的料用于显要位置，很少上漆。"京作"多为硬木家具。

"苏作"十分讲究精雕细镂。当然纹理好的，同样用于迎面，不作修饰。"苏作"习惯镶嵌瘿木，装饰手段较为多样。用料巧妙，搭配合理，制作水平甚于其他地区。

◎黄花梨夔龙纹五屏风式镜台　明代

66厘米×51厘米×30厘米

五屏风式镜台，搭脑圆雕龙头，屏心嵌装透雕花鸟纹条环板。镜台设抽屉五具，抽屉脸浮雕花纹。下座腿足翻出小马蹄，足间壶门式牙子雕夔龙纹。台面正中原有的托子，是为支架铜镜而设，现已失落。此类屏风式镜台，传世实例颇多，在明万历版的《鲁班经匠家镜》插图中就可见一例。

"广作"用料粗大，体重，靠背高，雕工繁复，如在束腰、腿足等部位注重雕刻，受西洋影响，弯腿较多，当然图饰上也多为中西结合。"广作"用料多为红木。

乾隆时期是清朝家具发展的鼎盛期，制作装饰手段多样，如螺钿镶嵌、宝石镶嵌、金漆描绘等等。以上简要概述了明清家具发展的基本状况，要想进一步了解熟悉各类家具，其中很重要的一点，就是要分辨清楚明清家具的材质，材质决定家具的品质和年代，如黄花梨家具，一般明朝产较多。下面对一些材质做简要介绍。

明清家具的材质一般分为硬木与软木两大类：硬木为紫檀、黄花梨、鸡翅木、乌木、红木、花梨等；软木为榉木、榆木、楠木、樟木、核桃木等。

紫檀：木性稳定，不裂不翘，易精雕细刻，分量重，颜色深。为最名贵的木材。

黄花梨：木性稳定，不裂不翘。色泽温润，纹理清晰，以"鬼脸纹"为最好，是仅次于紫檀的名贵之木。

◎黄花梨圈椅　明代

59厘米×45厘米×97厘米

圈形弯弧扶手下方与椅盘后大边打槽嵌装三弯靠背板，靠背板有圆形寿纹，扶手两端向外翻，与鹅脖交角处嵌有小牙子，软屉座面，现用旧席更替品。座面下为券口牙子，腿间安步步高赶枨。古人坐有坐相，站有站相，更看重的是圈椅造型中"天圆地方"的世界观和"步步赶高"的积极信念，古典家具中这类言传意会的思想符号由此可略见一斑。

◎黄花梨嵌瘿木平头案　明代

86.5厘米×51厘米×83厘米

案面以标准格角榫造法攒边打槽装纳瘿木面心，下有两根穿带出梢支承，皆出透榫。抹头可见明榫。带侧脚的圆材腿足上端嵌装云纹牙头的牙条，桌脚间安两根椭圆梯枨。

此典型平头案设计源自古代中国建筑大木梁架的造型与结构。这件外形简约光素，线条清爽的平头案设计被视为明朝家具典范。

◎紫檀夹头榫酒桌　明代

81.5厘米×32厘米×78厘米

　　此酒桌以紫檀木为料制成，桌面以标准格角榫造法攒边打槽装纳独板面心，方腿上端打槽嵌装船边的牙板，桌脚间安两根梯枨。造型简约流畅，比例均匀，具有明代家具的典型特征。

◎黄花梨瓜棱大面条柜（一对）　清代

109厘米×59厘米×198厘米

　　此条柜通体由黄花梨制成。主体框架作双素混边，柜顶为盖帽式，两扇柜门对开，中间有一立闩，立闩与门皆安条形铜质面叶。

◎红木嵌瘿木面小花几　清代

28.5厘米×25.8厘米

　　此几以红木为材，几面圆形，嵌瘿木面，束腰形光，抛牙板上浮雕简易夔纹，五条三弯腿，足端饰瓜果花草，下承一个根形束档。

◎红木云石面灵芝百灵台　清代

99厘米×86厘米

　　此台以红木为材，台面圆形，嵌云石，石纹变幻美丽，似云水远山，牙板开长条形开光，六足冰裂纹底座，底座与台面以一炷香支撑，以透雕灵芝为枨。

◎红木小扶手椅（一对）　清中期

54厘米×43厘米×90厘米

　　此扶手椅以红木为材，搭脑中央雕灵芝纹，靠背为素板，两侧及扶手攒拐子雕云纹，座面攒框镶板。正面边缘起阳线，券口雕卷草纹。

　　鸡翅木：纹理像鸡翅之羽，黑黄相间。木轻，是硬木中较轻的一种。鸡翅木有新老之分，老的色泽深褐，纹理细密。新的体重，色黑，通常是民国及近几十年的制品。

　　铁力木：纹理粗糙、较硬，色灰黑。做成的家具多粗犷。

　　乌木：色极黑，俗称黑紫檀。纹理细密，木质坚硬，料金，光亮。乌木没有大料，清朝多做贵重的桌椅家具。

　　新花梨：又称"花梨"。木质粗，无香味，在清末民初，通常作为黄花梨的补充，制作各种家具。"花梨"木在硬木中档次较低。

　　红木：颜色、分量介于紫檀与黄花梨之间，红木家具产量大，是硬木家具的大宗。与紫檀、黄花梨相比，红木木性不稳定，遇热、遇干易变形。

　　榉木：体重，木质坚硬，木纹清晰，略有黄花梨的效果，易变形。为苏州等地家具制作的常用木材。

　　榆木：体轻，纹理粗，颜色比榉木稍淡，走性小，为北方家具中常用的木材。

　　楠木：体轻，不弯形，纹理清晰细腻，性温和，手触不凉。

　　樟木：有异味香故可避虫，做成的家具多为箱、橱、柜等。

　　核桃木：木质细，纹理流畅，性温和，易精雕，是北方家具中较为讲究的品种。

二、明清家具的发展历程

明清时期的家具，是我国古典家具中的精华，由于清承明制，一般都以"明清"概称，就如"隋唐""宋元"一样。但就明清两代家具来讲，还是两种艺术风格不同的家具。

1. 明代家具的发展

明代家具是在宋元家具的基础上发展起来的，并达到前所未有的发展高度，主要产地在苏南地区，究其原因，除历史的传承和积淀外，离不开当时的社会条件。主要表现在以下几点：

第一，明代社会经济的稳定繁荣。公元1368年，朱元璋建立了明政权后，手工业迅速兴旺起来，出现大批工商业城市，全国的经济空前繁荣。明朝最初定都南京，依托于山青水秀的江南地区，丰富的物产，悠久的历史文化，滋润着各类艺术形式的发展，成为"南

◎**黄花梨雕龙纹玫瑰椅（一对）　明代**

55.5厘米×42厘米×82厘米

此件玫瑰椅以黄花梨为材，椅背低于其他各式椅子，背板上以镂雕龙纹为饰，背板及扶手均饰横枨，枨下设有灵芝形矮老，此为玫瑰椅的基本形式之一。座下设海棠形券口，接圆柱形四腿，架步步高式管脚枨，牙板上雕龙纹，造型简洁大方，清丽雅致。

◎黄花梨五屏式镜台　明万历

62.8厘米×37厘米×69厘米

　　台座为五屏风式，透雕花鸟纹。屏风脚穿过座面，植插稳固。中扇最高，向左右递减，并以此向前兜转。搭脑挑出，头饰龙头。台座为柜式，设抽屉五具，横枨下有曲形牙板，并刻卷草纹。

◎红木竹节供桌　明代

72厘米×72厘米×82厘米

　　桌面四方，通体竹节工，加盖时可作一般桌子使用，桌面上刻有棋盘，相对设有角箱，可放棋子，兼具餐饮和娱乐双重功用，颔部设抽屉，面饰高浮雕竹石纹，添典雅之气。

北商贾争赴"的经济中心。除南京外，苏州也是一个"五方杂处，百业聚汇，为商贾通贩要肆"的城市，同时这里也是当时全国的工艺品生产中心，像丝绸、刺绣、裱褙、窑作、铜作、银作、漆作、玉雕、首饰、印书、制扇与木作等，都遥遥领先于其他地区，这些经济与文化上的区域优势，都为明代家具的生产制作，创造了得天独厚的条件。

　　第二，海外贸易得到空前的恢复与发展。明代的社会稳定与经济发展，促使我国与海外建立了广泛的贸易关系，当时的主要海外贸易国家有日本与东南亚各国。明永乐至宣德年间，杰出的航海家郑和率领浩浩荡荡的船队七下西洋，写下了世界航海史上的辉煌一页。当时中国的船队带去了瓷器、丝绸、茶叶和棉布，返回时除其他贸易品外，还带回了东南亚地区大量的优质硬木料，如紫檀木、花梨木等。这些优质木材通过海运源源不断地抵达中国，为明代家具制作提供了充足的物质条件。另外，与日本的贸易，也带来了东洋的漆器镶嵌工艺。

　　第三，建筑与园林兴起的需要。明代是我国古代建筑与园林艺术发展最兴盛的时期，当时上至君主贵戚，下到商贾士绅，都大兴土木建造豪宅与园林，这些都需要家具来配套与装饰点缀，客观的需求极大地刺激了木器业的发展。明代皇帝不仅重视家具，甚至还亲自操斤（斧头），制作家具，据说他们的技艺有时甚至超过御用工匠，明天启皇帝就是其中的佼佼者。

◎黄花梨玄纹笔筒　明代

13.5厘米×15.5厘米

　　笔筒色泽深郁，呈圆柱体，筒身刻玄纹，筒口内侧平滑，其余无雕饰。

◎黄花梨镜匣　明代

33厘米×33厘米×59厘米

　　镜匣为上等海南黄花梨制成，镜箱式，为典型的京式做工。箱盖一木连做，面四角包铜，沿部呈三劈料状，精巧细腻。开箱窥镜，镜架以榫卯相连，架面设荷叶镜托，以卡铜镜之用，支架可折叠，映射了此物经历的沧桑岁月。台座两开门，内设抽屉三具，面装叶形吊坠，铜活锈迹斑驳，镂空卷草纹牙角，宝瓶式四足。

◎黄花梨指日高升大插屏　明代

63厘米×35厘米×84厘米

　　屏座雕抱鼓墩，上安立柱，以透雕螭龙站牙相抵。两立柱间安横枨，中嵌浮雕夔龙纹条环板，枨下安八字形螭龙纹及拐子纹披水牙子。屏心攒框镶板心，浮雕由太阳、斗升、酒爵等图案组成"加官晋爵，指日高升"的美好寓意。

◎黄花梨顶官皮箱　明代

44厘米×37厘米×46厘米

　　此官皮箱为黄花梨制成，其色泽油黄中泛红，仿佛燃烧的火焰气势蓬勃，乃黄花梨料中之极品。箱顶带盖帽，箱门对开，内设大小抽屉共五具，门脸上皆设有铜拉手，箱体两侧另置有"U"形铜提手，方便提携。

2.清代家具的发展

清代家具继承了明代家具采用优质硬木的传统，同时又汲取了外来文化的影响，并形成了绚丽、豪华与繁缛的富贵气，取代了明式家具简明、清雅、古朴的书卷气，在今天看来显得"俗"气。

清代家具的发展特征主要表现为以下几个方面。

其一，满足清朝廷的需要。清代统治者入关以后，在政治上是个"暴发户"，在精神上追求荣华富贵，所以在大兴皇家园林的同时，对家具的追求欲望表现得非常强烈。在家具的造型上竭力显示威严、豪华、改简就繁，努力营造一种骠悍雄壮的气势。

其二，清初疆土辽阔，海禁开放后，材源丰富。在当时，不仅珍贵木材接连不断运进

◎黄花梨带门围子雕龙架子床　明代
216.5厘米×146.5厘米×229厘米
整器由床围、立柱、倒挂龙纹牙子等多件组成，各结合部位均用活榫衔接，便于分解组合，设计精巧，雕工精细，十分珍贵。

◎**海南黄花梨案头托盘 明代**
33.5厘米×23.5厘米×2.5厘米

　　此案头托盘，取料上佳，通体不施雕饰，纹理优美而具有清香，形制简练自然，纯净俊秀，素面无工。

◎**金丝楠木方柜 明代**
68厘米×38厘米×100.5厘米

　　柜顶为标准格角攒边打槽平镶面心。四根方材腿直落地面，棕角榫与柜顶边框结合，下饰素牙条。柜门每扇分为三段打槽装板，落膛踩鼓，装有白铜方形合叶、面叶、钮头、夔龙吊牌及铜锁。

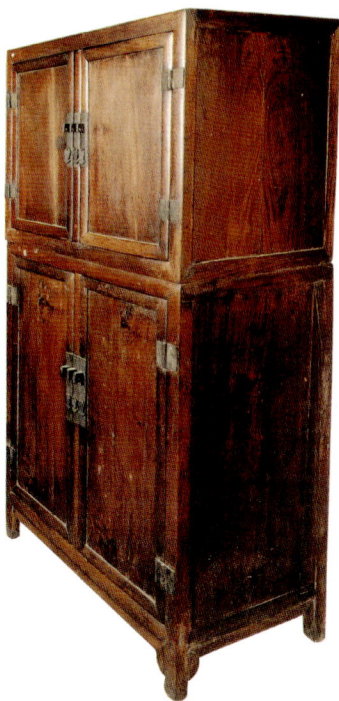

◎**金丝楠木花架 明代**
32.5厘米×32.5厘米×59.5厘米

　　此花架为金丝楠木制成，架面格角攒框镶板，面下束腰打洼下接雕拐子纹牙条，与腿足内侧延边起线相接，方腿直足，足端与托泥连为一体，托泥下有龟脚。

◎**黄花梨顶箱柜 明代**
89.5厘米×47厘米×163厘米

　　整器分上下两部分，上端高柜与下端立柜皆以铜合叶及面叶相连，开合自如，工艺精准。直腿间置光素刀子形牙板，余则全无雕饰，使观者的目光自然聚焦于黄花梨天然纹理之上。

◎金丝楠南官帽椅　明代

63厘米×50厘米×107.5厘米

　　此椅为金丝楠木老料新工，通体圆材，曲婉的罗锅枨式搭脑，全身光素，独板靠背。鹅脖、立柱与腿一木连做，扶手及联帮棍线条流畅。椅盘洼膛堆肚镶面板，下用罗锅枨加矮老。管脚枨弃圆取方，平易中略加变化，此椅没有雕饰，以结构取胜，其以搭脑、双扶手之优美曲线，使上体形成近圆的视觉效果，下体是方正稳定的空间感觉。

中国，而且各种装饰材料也非常丰富。

其三，外来文化的影响。康熙年间，西方科技文化再次登陆，西方的绘画、建筑、装饰、器物大量涌进，并迅速与中国文化掺杂糅和起来。

其四，乾隆年间，西方的玻璃开始流行，皇宫官宅的室内光线明显变亮，要求家具的色泽变深，所以紫檀木成为首选木材，后又以红木替代。

其五，产生家具流派。明代高档家具几乎是"苏式"一统天下，到了清代，由于西方文化的渗浸，以精雕细琢、镶金嵌石为特色的广式家具迅速崛起，这种豪华厚重的家具得到清统治者的欢心，并因此成为清代家具的主体。另外，京式、晋式、甬式、鲁式家具都形成了各自的特点，且赢得了一席之地。

◎黄花梨福寿纹扶手椅　明代

75厘米×53厘米×109厘米

　　靠背板、扶手、鹅脖、联帮棍均成曲形。特别是联帮棍上细下粗，成夸张的"S"形，靠背板中间雕四只蝙蝠捧寿字，寓意"福寿"双全，圆腿直足，腿间步步高赶枨，具有明式扶手椅的典型特点。

◎黄花梨霸王枨平头案　明代

136厘米×70厘米×80厘米

　　此平头案通体选黄花梨优材制成，案面攒框镶板，板面双拼无束腰，面下设长方条，光素无工，四方直腿内侧用霸王枨与桌面相连，内翻马蹄足遒劲有力。

◎黄花梨仿竹六仙桌　明代

87厘米×83厘米

　　桌面以格角榫造法攒边，打槽平面镶独板面心，下装两根穿带出梢支承，另有相交穿带加强承托。抹边立面起双混面。形状相似的牙条与束腰为一木连造，以抱肩榫与劈料腿足结合。牙条与罗锅枨之间栽入四根格肩竹节形矮老。此桌设计受竹质或藤编家具影响，当时此种以珍贵木材仿制一般到处可见的竹材或藤编家具，想必是反映文人内敛不求外炫的心态。

　　方桌依体形大小可称为八仙、六仙或四仙桌。虽非单一用途，但常为餐桌使用。其名赫然与可供坐人数有关。

◎黄花梨夹头榫平头案　明代

103.5厘米×51厘米×84厘米

　　案面以标准格角造法攒边，打槽装纳独板面心，下有三根穿带出梢支承，皆出透榫。抹头亦可见明榫。边抹冰盘沿上舒下敛至压窄平线。带侧角的圆材腿足上端打槽嵌装素面耳形牙头，再以双榫纳入案面边框。桌脚间安两根椭圆梯枨。造型简洁，不事雕饰，铅华洗尽，尽显黄花梨材质之珍贵和木纹之美丽。牙板光素未调一刀，俗称"刀子板"，干净利落。圆腿微撇带侧角，脚踏实地，是明代书案的典型特征。

◎黄花梨高束腰马蹄足挖缺作条桌　明代

88厘米×98厘米×48厘米

　　此桌腿足上端不露明，唯仍为高束腰式，牙条以下，壶门式轮廓非常完整，腿足中部花叶突出处，断面作曲尺形，即所谓"挖缺作"，马蹄有一双向上翘起的尖足。

◎黄花梨有束腰马蹄罗锅枨长条桌　明代

87厘米×158厘米×58厘米

　　长条桌攒心面板，采用了明式桌类家具最标准的造型，束腰、马蹄腿、罗锅枨，规矩而雅致。条桌既可靠墙陈设，上置文玩，又可摆放在屋子中央，用来分割室内空间，是明式家居环境中不可缺少的家具。

◎黄花梨大衣箱　明晚期

29厘米×49厘米×36厘米

　　黄花梨制大衣箱，主要用来存放衣物和书籍。

　　此箱四面以隐燕尾榫相接，一木成器，面板整剖，通体光素，箱体正中嵌方形铜页，扣以云头如意拍子，两侧装提环，做工取材均极为考究。

　　此箱色泽艳丽，包浆莹润，保存至今仍完好如初，实属不易。

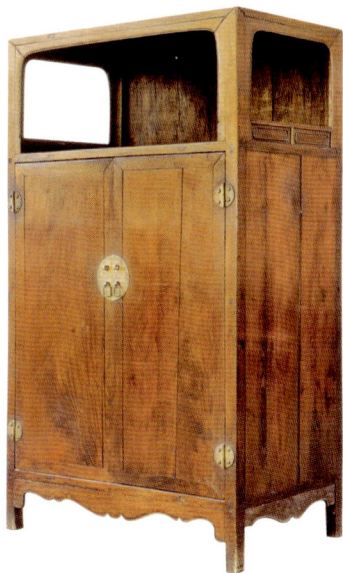

◎紫檀黄花梨海棠凳（一对）　清早期

55厘米×45厘米×52厘米

　　此对海棠凳用紫檀、黄花梨料精心制作而成，包浆莹润，造型简雅，属明式风格。其面呈海棠形，凳面打槽，因年代久远，软席缺失，露出十字形底托，面沿作双混边结构，下装罗锅枨，圆柱直腿，劈料形管脚枨与腿格间相交。

◎黄花梨亮格小柜　清早期

87厘米×52.5厘米×147.5厘米

◎剔红雕漆多宝　清代

19.5厘米×36.5厘米

◎楠木佛龛　清代

56厘米×36厘米×115厘米

　　由顶箱柜和佛龛两层组成，为当时富贵家庭居家供佛之器。设计精致到位，以镂空、浅浮雕技法装饰荷花、荷叶，所谓佛生荷花，装饰纹饰洋溢佛家气氛。

◎红木双拼圆桌　清代

115厘米×87厘米

　　该桌以上乘红木为材，包浆莹润，造型饱满，攒框镶板，冰盘沿，下承托腮，束腰，插肩榫结构。折腿展云翘，下设人字底枨，起装饰作用，如意云头足。

◎紫檀提篮　清代

34厘米×18厘米×26厘米

　　此提篮为紫檀作，篮分三层，四边铜包角，罗锅枨式提手与框形底座连接，两侧立云纹站牙。

◎黄杨木条案　清代

125厘米×65厘米×84厘米

　　以黄杨木为材制作，面呈长方形，嵌红木，排线式圆柱足，四个霸王枨，红木镂空牙板。形制素洁，线条流畅。

◎紫檀托泥圈椅、几（三件）　清代

椅：63厘米×50厘米×100.5厘米

几：54厘米×45厘米×72厘米

　　圈椅面下带束腰，鼓腿膨牙内翻马蹄，带托泥，下有龟脚，面上椅圈，弧形靠背，两侧安透雕角牙，当中镶瘿木心。更加独特的是扶手外侧和四腿两侧利用本该去掉的木料，保留下来一组透雕卷草花，既加强了构件的牢固性，又增加了艺术的美感，设计精巧。

◎黄花梨云纹台座　清代

35厘米×14.5厘米×7厘米

　　台面长方形，用厚木为板，木纹秀美，见鬼脸纹，下承两足，刻饰云纹，形制端巧，装饰简洁。

◎紫檀雕西洋花架几案　清代
326厘米×45厘米×91厘米

　　架几案紫檀木质，案面边缘雕卷草纹，架几则由一具抽屉界出上下两个四面开敞的小格，均镶装拐子纹券口，抽屉面板浮雕拐子龙纹间寿字，雕饰得宜，造型典雅。

◎红木雕灵芝大理石圆桌　清代
84厘米×84厘米

◎**紫檀炕几　清代**

88厘米×48厘米×33厘米

　　炕几陈设于炕上，用于饮酒或进食，是中国北方必备的家具之一。此炕几为紫檀制成，器形方正规矩，榫卯连接，简洁大方。几面打槽攒框装板心，牙板镂雕拐子龙及"吉庆有余"纹，腿间装档板，浮雕双蝠捧寿纹，下置罗锅枨，龟形足。

◎**紫檀大书桌　清代**

176厘米×82厘米×84厘米

　　此桌为清中期大家器物，沿用明式风格，精选金星小叶紫檀，纹理细如牛毛。面攒框镶板，四周微起宽边，桌沿打洼，素牙板，云纹牙头，明式高牙条与面底相交，直腿混边。

◎红木龙寿纹长条案　清代

245厘米×48厘米×107厘米

　　此条案红木制作，品相完好，包浆润泽，长条形台面，四方回纹腿，腿间亚字形开光，四边饰镂空牙板，内容为龙奉寿桃。

◎金丝楠六屉柜（一对）　清代

50厘米×37厘米×105厘米

　　顶面为标准格角攒边打槽平镶面心，方形六屉，两柜组合成对，屉面装白铜圆形面叶及拉环。各屉面及两侧均镶洼膛堆肚面板。方腿直落地面，裹侧沿边起线装饰，下装宽素牙条。

◎黄花梨圈椅　清代

101厘米×60厘米×55厘米

　　这只圈椅形制标准，椅圈位置较高。三攒弯曲的靠背板，上部铲地浮雕团螭，下开高亮脚。后立柱装飞牙，前一腿与鹅脖连做。椅子座面下三面装素券口，"步步高"赶脚枨。

◎海南黄花梨圆角双屉架（一对）　清代

90厘米×41厘米×166厘米

　　架橱为黄花梨制成，侧脚收分明显，上部三面透空镶安沿边起线壶口牙子，中部以并置的两件安黄铜吊环、面叶的抽屉将架橱界为上下两层，下部腿足间装素牙子，架橱后背即由小块黄花梨木料攒接成彼此相连的菱花图案构成。

第 三 章

明清家具的特点

　　综观中国古代数千年的家具发展史，明、清两代才是真正的鼎盛期。这一时期，一些手工业较发达的城市，如明代的苏州，清代的广州、扬州、宁波等地，均成为我国古代家具制作的中心，许多流传至今的名贵明、清家具，大多源于上述地区的能工巧匠之手。

　　明代是中国家具艺术呈现飞跃式发展的历史时期，家具的形式与功能日趋完美统一，明代黄花梨家具更将中国家具艺术带入化境。明中期以后，由于许多文人的参与，明代家具充满了一种书卷气，产生了明快脱俗，洗练流畅的风格特点，成为中国家具的典范。

　　清代康熙、雍正、乾隆三朝又将风格鲜明的清式家具推上另一个制高点，与明式家具共同构成了中国古典家具的主要风貌。清代家具形成了雕、描、堆等工艺特点，这也是我们今天评定清代家具优劣的主要鉴赏标准。自清末以后，随着西方资本主义的不断输入，中国古代传统家具的发展受到了严重的挑战。

一、明代家具的特点

首先，明代家具制作工具先进。明代的冶金工业高度发展，给框架锯与刨凿等工具的制作提供了优质材料。"工欲善其事，必先利其器"，有了先进的工具，家具的制作便更加精密化了。

其次，制作材料发生了变化。宋代的家具虽发达，但它的制作材料，都以软木与白木为主，并在其外作髹漆装饰。到明代，家具制作的工具先进了，工匠们可以选用硬质木材来进行加工，于是黄花梨、紫檀木、铁力木、鸡翅木、柞榛木等高档硬木，就成为家具制作的最佳原材料。在当时，由于海外贸易的兴盛，东南亚的高档硬质木材源源不断进口，另外，在我国南方也生长着少量的高档硬木。这些高档硬木，为聪明的工匠们提供了施展技艺的客观条件。由于木材的名贵，使明代家具变得异常珍贵。

再次，追求天然的木质纹即为美。由于家具木材的变化，人们的审美情趣已从髹漆的人工之美，转化为追求木质的天然之美。那些优质硬木质地坚硬，强度高，色泽幽雅，纹理清晰而华丽，为了更好地体现这些木质的天然之美，在装饰家具时以不髹漆为主要工

◎黄花梨轿箱　明代

74厘米×18厘米×13厘米

　　此轿箱箱面独板，四角饰如意纹铜包角，盖边起阳线。为使其牢固，箱身四角与箱身下部侧面均包铜饰件。前脸中部镶铜质拍子、钮头、吊牌。箱底缩进，呈反向凸形，以适应轿子形状，保证轿箱使用时不晃动。

◎黄花梨雕凤纹小平头案　明代

80厘米×118厘米×49厘米

　　案面攒心板，牙板雕夔凤纹，凤尾卷曲成灵芝状。腿足正中起两炷香阳线，两腿之间装双横枨。此案造型清新雅致，牙板婉转的凤身与案腿工整的起线动静呼应，疏朗轻盈。

◎黄花梨轿箱　明代

14厘米×75厘米×19厘米

　　此轿箱黄花梨制成，素面不施雕饰，箱盖微向上拱起，边缘起阳线。四角立墙平镶白铜包角，箱盖四角镶云纹包角。轿箱正中镶圆铜活，云头拍子。箱内有活动式平盘，两端带拍门小侧室。

◎黄花梨圆裹腿罗锅枨条桌　明代

83厘米×97厘米×42厘米

　　条桌攒心板，圆腿，无束腰，裹腿高罗锅枨直贴桌面之下。这种简单的造型，使桌子重心上移，看起来更加挺拔俊秀。

◎黄花梨带抽屉橱柜　明代

87厘米×85厘米×56厘米

　　造型简洁素雅，用料厚重，装坠角。柜门平装不落膛，左右花纹对称，系一木对开而成，有闩杆。

◎黄花梨冰绽纹小万历柜　明代

74厘米×42厘米×32厘米

◎红木云石茶台　明代

67.5厘米×67.5厘米×77.5厘米

　　该茶台精选红木制作，造型典雅，包浆浑厚。桌面镶嵌大理石板心，自然雅致，边框抹边，牙板光素，面下置罗马式立柱，卷草足。

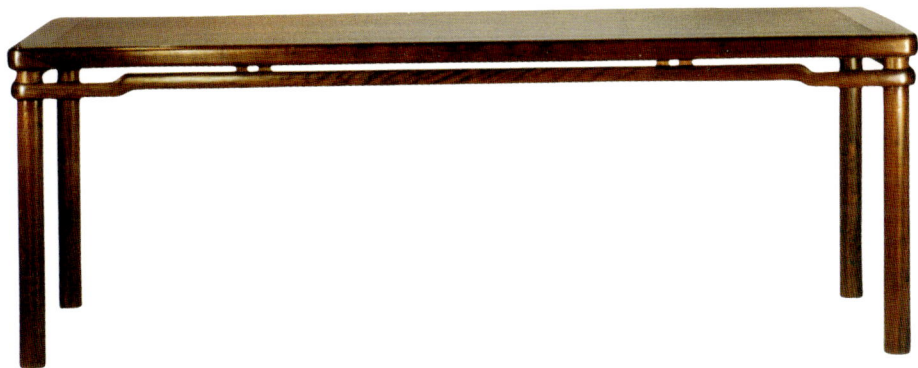

◎金丝楠木圆裹腿书桌　明代

238厘米×88厘米×82.5厘米

　　书桌通体金丝楠木制成，桌面攒框装板，面下高拱罗锅枨加双矮老，圆腿直足，在枨子与腿足交接处采用裹腿做法。

艺，即所谓"清水货"，只在其上打磨上蜡。这种追求天然木质纹理之美的理念，体现了古人崇尚自然、师法自然的艺术宗旨，故而营造出明式家具古朴端庄的情趣。明代家具经过了数百年的使用与流传，大都在表面呈现出一种自然光泽，俗称"包浆"。这种天然的肌理质感，在今天看来更加意蕴丰富，耐人寻味。

再其次，家具形体结构严谨，造型装饰洗练。明代家具在形体结构上，较宋代又有新的发展，更为合理。束腰、托泥、马蹄、牙板、矮老、罗锅枨、霸王枨、三弯腿等工艺，不仅使家具的结构严谨，更使视觉重心下降，从而产生了稳重感。明代家具不事雕琢，追求以线条与块面相结合的造型手法，给人一种幽雅、清新、纯朴而大器的韵味。家具的线条装饰手法，早在宋代就出现了，到了明代这种造型艺术发挥登峰造极，因而形成了明式家具明快、简洁而洗练的艺术风格。

最后，家具款式系统化。宋元家具的品种已相当庞大，但并无明确的功能划分，到了明代，出现了建筑空间功能划分，家具也形成了厅堂、书斋与卧室三大系统。在家具的陈设上，产生了以对称为基调的格式，从而奠定了中国古典家具的陈设模式，这也是中国儒家文化精神的体现。

◎榆木雕花佛柜　明代

160厘米×75厘米×178厘米

　此佛柜以榆木为材，上面及两侧饰以雕花条环板，中有柜门四扇，横枨下装雕花罩面抽屉三具，柜下牙板雕卷草纹。

二、清代家具的特点

虽说清代家具承继明代家具，但在造型风格艺术上，两者却有着明显的区别。

现在我们在论及明代家具时，常出现"明式"的字眼。明代与明式是有区别的，"明代"指的是明朝生产制作的家具，而"明式"则不然，它不仅包括明朝生产的家具，还包括明朝以后生产的明代样式的家具。现在古家具收藏界所言"明式"，泛指明中期至清顺治、康熙两朝生产的家具。事实上，现传世的诸多明式家具，多为清朝顺、康时期所制。形成"清代家具"，是在雍正、乾隆时期，所以我们今天所谓清代家具，主要是指清康熙朝之后生产的家具。

清代家具的工艺风格，首先是追求绚丽、豪华与繁缛的富贵气。清统治者入关以后，追求荣华富贵的心态，在家具上表现得非常强烈，明代家具的简明、清雅而古朴的风格，再也不符合他们的审美情趣，而这时中国的海禁再次废弛，西方文艺复兴后的巴洛克和洛

◎黄花梨高束腰可拆卸棋桌　清早期
85厘米×91厘米×91厘米

可可艺术风格迅速传入中国，其精雕细琢、绚丽多彩的工艺特点，正迎合了清统治者的心理需要，于是在传统的家具工艺上，糅合进西方的造型、雕刻与装饰艺术手段，从而使得家具向华丽的方向大踏步地前进。

其次，用材厚重、体态宽达。因为明代家具崇尚的是不事雕琢的线条之美，所以它的体态明快而轻盈。清代家具不同了，它追求高尚的豪华富贵气，为了达到这个目的，雕刻就成为最主要的工艺手段，从最初的浮雕一直发展到后来的高浮雕甚至圆雕。要完成这样繁缛的雕刻，原来明式家具的骨架显然不能胜任，于是就将家具的用材加大放宽。结果，华丽的气魄出来了，原先合理的结构比例失去了，变得有些笨重。

再次，装饰手法艳丽夺目。为了能达到极致的豪华富贵，工匠们在施展雕刻工艺的同时，又极大地发展了镶嵌工艺。镶嵌工艺在中国的历史非常悠久，可追溯到春秋战国的青铜器错金嵌银工艺，明代的家具也常出现镶嵌工艺，不过都是作些点缀之用，所用材料也很有限。到了清代，家具镶嵌工艺达到了空前绝后的水平，几乎遍及所有的地方流派，其中，尤以广作与京作成就最辉煌。所用材质千姿百态，除了常见的纹石、螺钿、象牙、瘿木外，还有金银、瓷板、百宝、藤竹、玉石、兽骨、景泰蓝等，表现的内容大多为吉祥瑞庆的图案与文字，除了镶嵌外，还常采用填色、描绘与堆漆等装饰手法，将家具打扮得艳丽夺目。

◎红木五福捧寿圆桌、椅（六件）　清代
桌：77厘米×83厘米×48厘米
椅：42厘米×32厘米×23厘米

◎黄花梨瘿木方盒　清早期

9厘米×12厘米×12厘米

　　此方盒色若琥珀，纹理生动活泼，明暗有致，宛如中国古书般富有文人情趣，使观者产生无限遐想。受黄花梨树的生长特性所影响，黄花梨瘿木珍贵而难得，用它制作的小件文玩十分少见。

◎黄花梨盝顶官皮箱　清早期

36厘米×35厘米×26厘米

　　此箱造型儒雅，盝顶，门板为一木对剖，内装抽屉四具，无雕饰，是官皮箱的基本形制之一。

◎红木嵌大理石半圆桌　清代

83厘米×42厘米×80.5厘米

◎红木雕龙圆桌　清代

80厘米×82厘米

◎红木雕西蕃莲纹架子床　清早期

221厘米×154.5厘米×221厘米

◎红木龙纹长条案　清代

252厘米×49.5厘米×101厘米

红木制作，包浆古雅，长条形台面，四方回纹腿，腿间亚字形开光，四边饰镂空牙板，雕刻龙纹。

◎**红木龙寿纹长条案　清代**

245厘米×48厘米×107厘米

　　红木制作，品相完好，包浆润泽，长条形台面，四方回纹腿，腿间亚字形开光，四边饰镂空牙板，内容为龙奉寿桃。

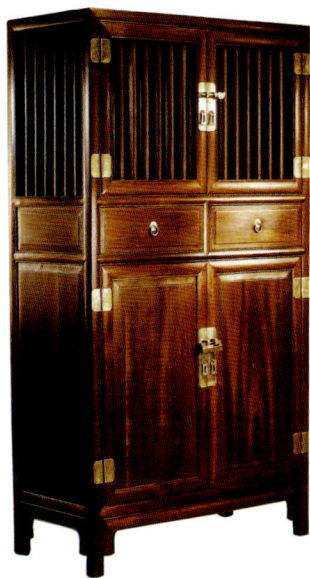

◎**金丝楠双扇中橱　清代**

82厘米×39厘米×147.5厘米

　　此器属金丝楠木老料新工，四方腿垂落，两平面起三线，素牙头压边线装饰。书橱上部以透棂三面直棂制成，正面双开门，铜面叶吊牌带锁。中层为抽屉两具，圆环装饰，下橱也为双开门，装长方形铜质合叶、面叶及吊牌。

◎**黄花梨书架　清早期**

90.5厘米×40厘米×175厘米

　　书架选用黄花梨精制而成，上部为两亮橱，框架抹边。下部顶端设两具抽屉，下面同上为亮橱。牙板光素，罗锅枨，直腿。

◎鸡翅木四椅二几　清代

椅：53厘米×42厘米×92厘米

几：41厘米×31厘米×80厘米

　　本套由四椅二几组合而成，品相良好。椅为灯挂式，背靠饰双龙、蝙蝠和卷草，嵌大理石。几为方台腿，中设隔板，不事雕饰，素雅沉静。

◎紫檀竹节南官帽椅及几（三件）　清代

椅：62厘米×49厘米×100厘米

几：46厘米×35厘米×75厘米

　　此对南官帽椅为紫檀木质，造型特点是全部构件均雕竹节纹，意在模仿南方常见的竹藤家具。靠背板分三段镶装竹节纹券口，拐子式雕饰竹节扶手，座面下装雕竹节罗锅枨一根，紧贴座面安设，圆腿直足，四足间安雕竹节枨子。与两椅相配的小几也雕竹节纹，几面攒框装板、面下安竹节纹罗锅枨，圆腿直足。

◎**紫檀透雕龙纹香几（一对） 清代**

58.5厘米×43.5厘米×94厘米

　　紫檀木质，长方形，面下高束腰。四角露腿，周围镶条环板六块，浮雕云龙纹。束腰下承托腮，牙条与腿用料丰厚，并以深浮雕、镂雕等多种手法雕云纹和龙纹。腿部选用了圆雕刻饰。四腿的足部与托泥座相连，也用透雕的龙纹缠绕覆盖。托泥中部饰覆莲纹，底下为托泥底座。

◎**紫檀五面雕云龙小顶箱柜（一对） 清代**

72厘米×37.5厘米×135厘米

　　顶竖柜一对，通体紫檀木质。框架及柜门四框饰双混面双边线，柜门、柜肚、侧山及柜顶镶板，边起条环线，当中全部以高浮雕手法雕海水纹、云纹和龙纹，图案雕刻线条流畅，磨工也精。

◎**金丝楠长条桌 清代**

210厘米×46厘米×84厘米

　　桌面为标准格角攒边打槽平镶，面心拼板，木纹细腻含蓄。冰盘沿上舒下敛，下接束腰，束腰下安设牙条，牙条中部略垂，并浮雕拐子龙纹。抱肩榫结构，方腿内翻马蹄，侧角收分明显。

最后，出现了地方流派。家具作为人类赖以生存的生活器物，严格地讲，从它一诞生，不同的地区就产生了不同的流派风格，但在全国范围内流行并产生影响力是从清代开始的。明代的家具，主要生产地在苏南的苏州至松江一带，故称"苏式家具"，在整个明式家具中，苏式家具一统天下。到了清代，由于社会经济的发展以及清统治者的需要，苏式家具独霸天下的格局被打破了，继而兴起了地方流派纷呈的新局面，其中"广式家具"一跃而居榜首，后来在广、苏的基础上，又孕育出皇家豪气的"京式家具"。地方流派的出现，是我国古典家具繁荣的标志，它促进了家具工艺、门类、材质、功能等方面的飞跃发展，也形成了清代家具最大的工艺特色与艺术价值。

三、明清家具的异同点

明清两代是中国家具发展的顶峰时期，这一时期的家具不仅种类繁多，而且更加充分地发挥了家具的使用功能。

总体来讲，明清两代家具的种类已经日臻齐全，我们今天使用的大部分家具都是在那个时期定型的。但有些品种的家具因年代久远，现已无处寻觅了。如明人的笔记里曾记载有"接脚"这类家具。

据明代人李诩《戒庵老人漫笔》里记载，明代有个叫叶钟的御史，有一次入宫奏事，见"宫殿皆不甚高大，中置龙龛，朝廷所坐有金交椅，又方木墩甚众，问内官所用，乃宫人祗候传班，短者以此木立之令齐，名接脚"。

◎红木长方桌　清代
99厘米×65厘米×32厘米

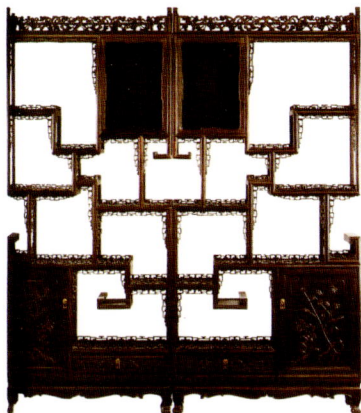

◎紫檀多宝（一对） 清代

98厘米×36厘米×209厘米

　　紫檀木制成，顶层之上四角出荷花头短柱，柱间三面透雕梅枝围子，顶层之下界出高低错落的封闭、半封闭和开敞、半开敞的格子九个，并镶装拐子纹券口牙子，橱子的立墙上亦有扇形、委角方形开光，另外下部还有柜一、抽屉一，柜门浮雕兰菊，抽屉面板雕云蝠纹，柜、屉皆配有铜质面叶、吊牌。最下注膛肚壶门牙子，内翻马蹄足。

◎紫檀雕福寿纹宝座 明代

100厘米×65厘米×103.5厘米

　　此宝座紫檀木制成，面下高束腰，浮雕竖格纹。鼓腿彭牙，如意纹曲边，浮雕缠枝莲纹。内翻马蹄，带托泥。面上五屏式围子，浮雕蝙蝠纹、寿桃及各式花鸟纹。

◎紫檀雕龙纹写字台 明代

180厘米×90厘米×83厘米

　　此写字台由台面、柜座及脚踏四件组合。除台面外，周围各个板心全部浮雕云纹和龙纹。

◎鸡翅木嵌黄杨瘿木棋桌　清中期

71厘米×71厘米×84厘米

◎黄花梨禅凳　清代

89厘米×71.5厘米×52.5厘米

　　此禅凳选黄花梨为材，一木连做，样式洗练而素净。凳面攒框镶席心，冰盘沿，束腰，罗锅枨上置矮老，瓜楞腿。

◎紫檀雕西番莲纹小条桌　明代

128厘米×32厘米×88厘米

　　此桌长方形面下有束腰，牙条正中浮雕西洋式洼膛肚，牙条与腿结合的转角处，另安浮雕西洋花托角牙。桌角、束腰、拱肩及足端均包镶铜质錾花饰件。

◎黄花梨嵌大理石面插屏　明晚期

63.5厘米×46厘米×27.5厘米

　　黄花梨插屏原装大理石屏心，上框带宽厚皮条线，屏座开两鱼门洞，设站牙，装壶门牙板，底座脚墩尤为体现高古风格，如拙而大巧。

　　此插屏造型独特，为仿一体式案屏式插屏，各种著录中未曾见过同类造型，此为孤例。

◎**紫檀雕云蝠平头案　明代**

150厘米×45厘米×82厘米

　　此条案通体紫檀木制成，面下长牙条浮雕云纹及蝙蝠纹。正中镂雕大朵如意纹，抱腿牙头较长，以透雕加浮雕手法饰拐子纹。腿面饰双混面双边线，腿间装洼膛肚券口，足束踩托泥。

　　从文中叙述可知，这种类似方木墩的器物名曰"接脚"，是明代宫中所用之物，专为身材相对矮小的宫人祗候帝王传班所备，"以此木立之令齐"。可惜随着时光的流逝，这种家具湮没在历史的风尘中，再也见不到了。

　　清代家具由于受到工艺水平的影响和当时文人审美观的左右，较明代家具品种更为丰富，如清初著名戏剧家李渔在他的那本《闲情偶寄》的书里主张桌子要多安抽屉，立柜要多加阁板和抽屉，并身体力行，设计制作了一批家具。

　　李渔的家具设计思想对清代家具风格的形成起到了一定的作用。带有抽屉的家具在清代以前虽也有过，但大量出现还是在清代以后。今天我们所看到的带抽屉的桌子以清代居多。

　　我们今天常见的"多宝槅"也是在清代才开始形成的。多宝槅，顾名思义，就是储藏宝物的容器，大部分见于宫廷或官府，民间所谓"大户人家"中，也有使用。它兼有贮藏和陈设的双重作用，但主要是陈设之用。它是在明代架槅的基础上发展起来的新型家具。

　　明代的架槅又称"书槅"，通常高五六尺，依其面宽安装通长的横板，每槅或完全空敞，或安券口，或设牙板，有的在后背设背板。

　　大体上来讲，明代架槅造型比较简练，给人质朴之感。而到了清代，开始出现用横、

◎海南黄花梨独板靠背圆头圈椅、几（三件）　清代
圈椅：61厘米×48.5厘米×97厘米
茶几：47.5厘米×41.5厘米×71厘米

◎花梨木躺椅　清代
48.5厘米×61厘米×75厘米

◎紫檀四季花书柜（一对）　清代

100厘米×36厘米×200厘米

　　此书柜四面平式顶，上部三层四面开敞，三面镶安带石榴纹矮老、梅枝花板围子。三层槅下平列抽屉两具，屉面板于委角方形开光内雕竹、菊图案，配铜质面叶、吊牌。屉下设柜，对开双门，心板分别雕竹、菊图案，并刻苏轼题诗，配有铜质合叶、面叶、吊牌；柜下正面足间装垂云头，雕兰草牙子。

◎黄花梨圈椅　清代

99厘米×61厘米×48厘米

　　此圈椅选料精良，造型高贵，比例优雅，线条流畅，雕饰精彩。

竖板（此种竖板又称为"立墙"）将内部空间分隔成若干高低不等、大小有别的空间的架格，这种架格的前后左右做成不同形状的开光，内部空间分隔巧妙，设计得错落有致，与明代的架格意趣大异，称为"多宝格"。

有些家具是清代特有的品种，如贴黄家具，贴黄又名"文竹"，是我国传统的竹刻工艺，这种技法兴起于清初，到了清中期发展成熟。

当时又称贴黄为"翻簧"，其工艺程序是将南竹锯成竹筒，去节去青，留下薄层的竹黄，经过煮、晒、压平后，胶合在木胎上，然后磨光，再在上面刻饰各种人物、山水、花鸟等纹样。其色泽光润，类似象牙，据清宫内务府造办处活计档案记载：

◎紫檀嵌云石座屏　清早期
44厘米×20厘米×46厘米

71

"乾隆二十四年闰六月（行文）郎中白世秀员外郎金辉来说太监胡世杰交文竹小瓶一对，文竹昭文带一件。"

这是关于文竹器物的较早记载。说明此种装饰工艺是乾隆以后才逐渐兴起的，故而凡是发现采用贴黄技法装饰的家具基本可以断定是清中期以后所制。

在清代宫廷造办处活计档案里，还有"百什件屉"的记载。这是一种专门用于置放小型文玩玉器的容器。在其内侧底部依文玩器物的体量做出形态不同的各种凹槽，这样就使文玩玉器各置其位。

这种容器做工精湛，构思奇巧，充分反映了能工巧匠的聪明才智。如清宫内务府造办处活计档记载：

"乾隆五十一年二月初一日，总管刘秉忠交雕龙紫檀木大箱一对。传旨：交造办处配装百什件。钦此。于五月十二日将雕紫檀木大箱一对内配装百什件四十二屉，现配得百什件屉内第一层装得玉器古玩等三十七件，第二屉装得玉器古玩等二十四件。"

可见，一件百什件屉内可以摆放多件物品，但大多是小巧玲珑、占用空间不大的文玩玉器，且"排位有序"。

综上所述可知，明清家具鉴定并非无章可寻，而是有其特有的规律性。不同时期的家具在造型风格、材质选择、装饰纹样以至家具品种上都存在着差异，只要认真观察，总能找到蛛丝马迹。

◎黄花梨有束腰马蹄腿半桌　清代

86厘米×95厘米×47厘米

　　明清时期常将两张半桌合并成方桌，又可将两张半桌分开陈列在屋子左右两边，使用方便。此半桌造型规矩，包浆浓厚。

第 四 章

明清家具的种类及装饰

　　收藏明、清家具，重点是要了解明、清家具的品类。明、清两代家具品类都比较齐全，造型有坐具类、承具类、卧具类、庋具类、架具类、屏具类等6大类近60个品种，这主要是按使用功能划分的。坐具类有小凳、杌凳、条凳、春凳、交杌；绣墩、藤墩、瓷墩；靠背椅、灯挂椅、梳背椅、玫瑰椅、官帽椅、圈椅、交椅等。承具类有香几、花几、炕几、炕桌、半桌、月牙桌、方桌、圆桌、条桌、平头案、翘头案、架几案等。卧具类有童床、平榻、杨妃榻、罗汉床、板床、架子床、拔步床等。庋具类有盒、匣、奁、板箱、坐柜、衣箱、躺箱、躺柜、立柜、圆角柜、方角柜、亮格柜、连二橱、闷户橱等。架具类有面盆架、镜架、衣架、巾架、灯架等。屏具类有砚屏、炕屏、座屏、折屏等。

一、明清家具的种类

　　根据明清家具的使用功能，可将明清家具分为椅凳、桌案、床榻、柜架等五类；从造型上看，可以分为束腰和无束腰两大类。

　　椅凳类，包括杌凳、坐墩、交杌、长凳、椅、宝座等各种坐具。

　　杌凳的形式多为长方形和正方形，圆形的较少。坐墩，因其墩面常覆盖一层丝织物，又名绣墩；另由于坐墩似鼓，故也称鼓墩。坐墩常用于室外，传世品中石、瓷坐墩要多于木制坐墩。明清的各种坐墩上，常保留有藤墩的圆形开光以及木鼓上钉鼓皮的帽钉痕迹。

　　交杌，就是腿足相交的杌凳，俗称"马闸"或"马扎"，即古代的"胡床"。交杌可以折叠，携带和存放十分方便，千百年来广为沿用。

　　长凳，是狭长而无靠背坐具的统称，有条凳、二人凳和春凳三种。条凳的长短高矮

◎红木鹿角椅（两椅一几）　明代
椅：73厘米×51厘米×113厘米
几：50厘米×40厘米×71厘米
　　椅为圈椅式，搭脑呈六边形，浮雕螭龙纹，靠背呈"S"形，有四鹿角形状，座面攒框镶板，面上下一周各装饰勾卷云纹花牙，三弯腿，前腿设鹿角状霸王枨，足外翻。

◎黄花梨龙纹方桌　明代

87厘米×90厘米×90厘米

　　方桌黄花梨满彻，马蹄腿罗锅枨，壶门牙板浮雕灵芝和相向的螭龙纹，桌腿上部和牙板相交处雕云纹包角。这张方桌造型规整，牙板的曲线非常优美，雕饰活泼可爱。

◎黄花梨书桌　明代

95.5厘米×43.5厘米×75.5厘米

　　书桌选料黄花梨，形制古朴简约，挺拔秀丽。框架通体圆材，面攒框镶板，束腰，光素牙板，龙纹挂牙，圆柱牙条包腿，上方置矮老及一屉，直腿，稳定牢固。

◎黄花梨交椅　明代

72.5厘米×90厘米×103厘米

　　此件交椅由黄花梨制成，扶手四接，接处各以铁错银饰件加固，两端出头回转收尾。背板弯曲呈"S"形流水线，两侧带弧形窄角牙，背板上方雕塔刹纹，背板下部起亮脚。木材相接即腿足交处皆有铁包并錾花嵌银丝，以铆钉加固，铁片之上或錾刻云纹，或錾刻花卉，细节处纹饰也制作精美。交椅易于折叠，便于携带。

◎黄花梨圈椅　明代

64厘米×61厘米×98.5厘米

　　此圈椅选用海南黄花梨料，框架为圆材，椅圈五接，顺势而下成扶手，背板后弯，上浮雕拐子龙纹，鹅脖弧线均衡优美。座面攒框席心，面下洼膛肚牙子嵌入腿足。直腿，下有管脚枨。

◎黄花梨行军台　明代

79厘米×44.5厘米×28.5厘米

　　此台选用黄花梨，包浆温润，纹理清晰优美。面攒框镶板，冰盘沿，束腰，云纹牙板，直腿。腿与面相互独立，易拆卸，携带方便。腿间置有十字交叉枨，用以增加支撑力及收缩力。

不一，为常见日用品，多用柴木制成，通称板凳。二人凳长约1米，凳面较条凳宽，可容二人并坐。春凳长约1.5～2米，宽逾0.5米，可并坐3～5人，也可作卧具以代小榻。春凳今专指宽大长凳。

　　椅是有靠背坐具的总称（形制特大，雕饰奢华的宝座除外）。其式样和大小，差别较大。明清椅子的形式大体有靠背椅、扶手椅、圈椅和交椅四种。靠背椅是有靠背无扶手椅子的统称，常见的有灯挂椅、一统碑椅、木梳背椅等几种。扶手椅的常见形式主要有玫瑰椅和官帽椅。圈椅之名得之靠背如圈。其后背和扶手一顺而下，无官帽椅的阶梯式高低之分，圆婉柔和，极为美观，坐在上面肘部和腋下一段臂膊均得到倚托，十分舒适。圈椅用材多

◎黄花梨方材官帽椅　清中期

99厘米×55厘米×49厘米

　　此椅用方材制作，搭脑镂空，镂云纹坠角。靠背板向后仰，浮雕螭龙纹，下端开亮脚。扶手下凹，与鹅脖用烟袋锅榫卯相连。软藤屉座面，直边抹。椅腿间装拐子纹罗锅枨和直枨，穿竹钉。

◎黄花梨龙纹槅架　清早期

177厘米×98厘米×48厘米

　　槅架方材打洼起委角，三层全敞式，隔板铁梨木质。上层设暗抽屉两具，抽屉面铲地浮雕螭龙纹。架腿之间装壶门牙板。这个槅架造型简洁，洼面相接的加工工艺具有相当难度。龙纹雕饰恰到好处地点缀了庄严的外表。

◎刻郑板桥《兰竹图》紫檀挂屏　清代

196厘米×110厘米

　　挂屏长方形，规格较大，木刻填青，饰郑板桥《兰竹图》，修竹挺秀，兰草飘逸。旁刻郑板桥题画诗："挥毫已写竹三竿，竹下还添几笔兰。总为本源同七穆，欲修旧禅与君看。"署"观文家兄教书，乾隆癸未板桥裹弟，燮"款。

　　为圆形，方材罕见，扶手一般均出头，不出头而与鹅脖相接的较为少见。交椅，实际上就是有靠背的交杌，可分为直后背和圆后背两种。直后背交椅的靠背如同灯挂椅，而圆后背交椅的靠背状似圈椅。交椅的交接部位一般都用金属饰件钉裹。宝座是专供帝王使用的坐具，除具大型椅子的特点外，另增奢华的雕刻和镶嵌等装饰，宝座一般都配有脚踏。

　　桌案类，包括各种桌子和几案。主要有炕桌、炕几、炕案、香几、茶几、酒桌、半桌、方桌、条几、条桌、条案、架几案、画桌、画案、书桌、书案、半圆桌、扇面桌、棋桌、琴桌、抽屉桌、供桌、供案等形式。炕桌、炕几和炕案均属矮形桌案，多在炕上使用。三者之区别在于炕桌略宽，用时放在炕中间；而炕几和炕案较窄，置于炕的两侧使用。凡面由木板构成，腿在四角，呈桌形体的叫炕几；腿足缩进不在四角，呈案形体的就

◎**黄花梨大方角柜 清早期**
191厘米×108厘米×63厘米

　　此柜为大型方角柜，黄花梨满彻，选料之精，木纹之美，实不多见。四面无工，顶板不落膛，硬挤门可自由拆卸，壶门牙板铲地浮雕螭龙纹。柜内分为三层空间，有抽屉，设闷仓。

◎**红木嵌山水瓷板琴桌 清代**
125厘米×47厘米×83厘米

　　材质为红木，长方形台面，面分三格，左右嵌瘿木，中间粉彩山水瓷板，设色雅丽，意境深远。两头下垂内卷，饰海棠玉兰花。四条双拼式树叶纹腿。牙板镂空，饰相对草龙纹。

◎**红木嵌瘿木面几（三件） 清代**
从左至右依次为：17厘米×23厘米×38厘米；25厘米×35厘米×47厘米；33厘米×43厘米×64厘米

　　套几三件成一套，材质、造型、纹饰相同，而规格大小递减，可套合，保存完好，红木质地，面嵌瘿木，长方形台面，短束腰，抛牙板，四方马蹄腿。

◎红木写字台　清代

177厘米×85厘米×93厘米

　　由长方形面板和多个抽屉组合而成，柜下由冰裂纹开光台座承托，即由数件单独成立的器具组合而成，而且材质精良，做工考究脱俗。

◎红木拱璧纹琴桌　清代

38厘米×116厘米×83厘米

　　红木为材，保存完好，包浆明亮。长方形台面，四条夔龙纹腿。根部用镂空、高浮雕技法装饰夔龙纹和拱璧纹。璧呈四方委角形，比较别致。

叫炕案。香几因承置香炉而名，多为圆形，腿足弯曲，委婉多姿，面面宜人。香几盛行于明代，清代渐不流行，随之大量出现由方形或长方形香几演化出来的茶几。

酒桌和半桌是两种形制较小的长方形桌案。后者的宽度相当于八仙桌的一半，故名。当八仙桌不够用时，半桌可接上，所以半桌又叫接桌。方桌是传世较多的一种明清家具，有大、中、小三种类型。大者俗称八仙，中者称六仙，小者谓四仙。方桌的常见形式有无束腰直足、一腿三牙、有束腰马蹄足等三种。

条几、条桌、条案和架几案的形制均窄而长，故归属条形桌案，它们与画桌、画案、书桌、书案等宽长桌案相比，结构和造型相同，其区别主要在于前者不及后者宽大，后者的体型一般都要大于半桌。

床榻类，包括榻、罗汉床和架子床三种。

榻是一种仅有床身，上无任何装置且较窄的卧具，而在床上后背及左右两侧安装低栏的称罗汉床。架子床是有柱有顶的床的统称，其形式可进一步分为四角立柱、三面设低栏的四柱床；带门围的六柱床；形体庞大，床下有地坪，床前置浅廊，状如寝室的拔步床。

柜架类，这类家具的用途，主要是陈设器物和储藏物品，大致可分为架榙、亮榙柜、圆角柜、方角柜四种。

架柜因常用来放书，故又称书架、书榙，一般高1.5~2米，立木为四足，依其面宽安装多层榙板，榙板间有的空敞，有的安圈口、栏杆或透棂。

亮榙柜实际是架榙和柜子的组合物，常见形式为架榙在上，柜子在下，柜身无足，另安矮几支承。

圆角柜因其顶部有突出的圆形线脚（柜帽）得名，圆角柜的柜门安木轴，关门靠硬挤，也有的安闩杆。

方角柜的体形一般是上下同大，四角见方，门的形式同圆角柜，也有硬挤门和安闩杆两种。方角柜常见的有"一封书式"和"顶箱立柜"两种，前者顶部无箱，后者有箱并与柜子成对组合，故也称四件柜。四件柜大小相差悬殊，小者炕上使用，大者高达三四米，可与屋梁齐。

其他类，凡不宜归入以上四类的家具，均属此类。此类家具的种类繁多，如屏风、闷户橱、箱、提盒、都承盘、镜台、官皮箱、衣架、面盆架、滚凳、甘蔗床及一些微型家具等。

二、明清家具的装饰

　　明清家具，是中国古代家具制作的顶峰，其优点除结构精巧，造型优美外，丰富多彩的装饰手法也是重要的内容。明清家具的装饰特点，主要是通过选料、线脚、攒接、雕刻、镶嵌及附属构件六个方面来体现。

　　选料。明清家具在选料时，比较注重木材的纹理，凡纹理清晰、美观的"美材"，总是被放在家具的显著部位，并常呈对称状，显得格外隽永耐看。"美材"中有一种长有细密旋转纹理的"瘿木"（树木生瘿结节处的木材），如楠木瘿子、紫檀瘿子等，十分难觅，常用作高档家具的面心材料。此外，明清家具也很讲究不同材质的搭配使用，利用木材的质地和色泽对比，达到一定的装饰效果。

　　线脚。线脚是明清家具中最常见的装饰，主要施于家具的边抹（边框构件）、枨子

◎黄花梨有束腰马蹄腿霸王枨长桌、香案　明晚期

76厘米×78厘米×33.5厘米

　　黄花梨有束腰马蹄腿霸王枨长桌，尽显榫卯构造之巧，实为少见。桌体通身无饰，直腿内翻扁马蹄，形态可人。因器形高挑纤细，霸王枨着意下落，并削成浑圆状，由细至粗过渡成鹅脖造型，上端承接于穿带上，设计新颖，造型秀美。

　　通常的观点认为，扁马蹄足的出现时期较早，其设计的实用性大于观赏性。此桌用途较广，如上陈香筒、香盘、香炉、香盒等香具，则有雅趣，《长物志》中亦有描述。

◎黄花梨灯挂椅　明晚期

93.5厘米×50厘米×40.5厘米

　　搭脑笔直，靠背独板宽大，后腿与靠背板曲弯相调，和谐统一。椅面装硬屉板，面下装素牙板。腿间设直枨，高低错落，这样的设计是为了避免榫卯开在同一高度，影响其牢固性。

　　此灯挂椅形体简易，气韵不凡。明式灯挂椅在椅具中存量较少，黄花梨木质则更为稀匮。

◎红木漆心嵌玉座屏　明代

267厘米×120厘米×230厘米

　　此屏以红木做框架，当中以漆工艺手法做漆心，再以周制镶嵌法用各色玉石、象牙、紫檀、黄花梨、鸡翅木等名贵木材嵌成山水、树石及钓叟。色彩处理得当，布局也合章法。背面以描金漆工艺饰山水楼阁图。

◎红木炕几　清代

94厘米×41厘米×33厘米

　　炕几通体为红木质地，几面打槽装板心。两端连接弧形腿，其上浮雕蝙蝠纹，牙板镂雕卷草纹及拱璧纹饰，两腿间作壶口式。

◎金丝楠带座书橱（一对）　明代

90厘米×39厘米×195厘米

　　柜为四面平式，正面对开木轴直棂门两扇，以横材三根将直棂界为四段。门内为三层，中层巧妙加装抽屉两具，隔直棂可见，两侧亦装直棂，后背位攒框装板。下部支几设抽屉两具，上部留空，分别以罗锅枨装饰。

◎紫檀博古几架　明代

63厘米×21厘米×28厘米

　　此件紫檀博古架实际上是三件小几组合而成，两边方几稍高，几面双层冰盘沿线脚，下接带笔管式鱼门洞开孔的束腰，腿足皆用方材，足端勾转，中部稍矮的小几在横枨中部翻出如意头，全器造型错落有致，雕饰简洁明快。

◎黄花梨圈椅 明晚期

98.5厘米×60厘米×46厘米

此圈椅黄花梨制成，椅圈为五接，背板上端，出花牙，加强了装饰效果。前椅腿与后椅腿都装饰卷草纹牙条，显得饱满绚丽。椅盘下的券口牙子也以卷草纹装饰，使得整体装饰风格统一。

此椅原皮壳，包浆莹润，保存完整，仅脚踏枨下牙条遗失。几百年沧桑，能保存如此品相，已属不易。

◎黄花梨黑漆圈椅 明晚期

101厘米×60厘米×47厘米

王世襄先生曾说："离我二三十米，我就知道是黄花梨还是紫檀，大致不会错，因为从它的造型，它的做法就能看出它是什么木材。"此椅当为一例，典型明代做工。此椅黄花梨木制成，外髹黑漆，简洁中透露着威严。明代黄花梨家具极具傲人气质，由内至外，由里及表，不管后人涂绘何种外漆，均不能掩盖这份刚柔相济之文人风度。

清代有在浅色家具表面刷漆或染色的习惯，这是为了迎合清代使用者的审美风格，此椅就为一例。

（横档）、腿足等部位，通过平面、凹面、圆面、凸面、阴线、阳线之间不同比例的搭配组合，形成千变万化的几何形断面，达到悦目的装饰效果。

攒接。所谓攒接，就是用纵横斜直的短材，通过榫卯的连接，制成各种几何图案，增加家具的空灵之美。运用攒接的方法，可避免透雕因木纹留得过短导致断裂的弊病。如将攒接与透雕结合，可各展其妙，相得益彰。攒接构件多用于脚踏面心、桌牙子、椅靠背、条案档板、床围子及架槅栏杆和门心等部位。

雕刻。雕刻在明清家具的装饰中占有十分重要的地位，有阴刻、浮雕、透雕、浮雕与透雕结合、圆雕等多种技法，其中又以浮雕最为常用；而雕刻的题材更是十分广泛，归结起来可分为卷草、莲纹、云纹、灵芝、龙纹、螭纹、花鸟、走兽、山水、人物以及吉祥文字图案、几何图案、自然物像图案和宗教图案等十多类。雕刻的装饰部位大多在家具的牙板、背板、构件端部等处。

镶嵌。镶嵌是明清家具中使用较少的一种装饰手法，因材料的不同有木嵌、螺钿嵌、象牙嵌等名称，也有一种用玉、石、牙、角、玛瑙、琥珀以及各种木料作镶嵌物的"百宝嵌"，较为少见，只有在豪华的高档家具上才使用。

附属构件。明清家具的附属构件，除具有使用功能外，也有一定的装饰意义。如镶于凳、桌面心和柜门、床围的各种纹石、丝绒、藤丝编成的软屉；各种家具包角、面叶、合叶、拉手、锁、穿鼻、吊牌、纽头等铜铁饰件，或有漂亮的天然花纹，或有美丽的色泽，或经人为加工后造型多变，风格优雅，呈现出丰富多彩的装饰效果。

◎紫檀面条柜（一对）　清代

41厘米×22厘米×72厘米

　　该柜为紫檀材质，色泽古朴，包浆凝重。分上下两层，上部柜顶盖卯榫结构，双门对开，面攒框镶独板，上嵌铜质面条面叶。下层为底座，面四周起拦水线，起防滑作用，下设两屉。

第 五 章

明清家具的鉴定

　　传世的优秀家具，一般都是"材美工巧"的完美结合，无论其用材还是做工都一丝不苟，造型典雅大方，具有深邃的人文内涵，经得起细观慢品。而现在的"仿古"家具，受利润的驱使，只想尽快做出成型家具，立即出手，卖出高价，其在家具制作过程中自然不会按部就班，只是一味地偷工减料、"多快好省"。这样的家具成品，要么用过一段时间，发生变形、翘曲，要么就是做工粗糙。细观之下，局部剔铲打磨不到位，边角留有刀痕或毛茬，图案花纹模糊不清，大煞风景。

　　所以，要想在假货、劣货充斥满目的情况下淘到一件称心如意的古典家具，首要的就是练就一双辨别真伪精粗的慧眼，才能达到去伪存真的目的。家具的鉴定，最重要的内容是确定时代。目前，要准确鉴定明清家具制作的绝对时间尚有困难，但从总体风格、用材、品种、形式、构件造法及花纹等方面进行综合考察，辨明其相对时代还是可以的。

一、从用材上鉴定

　　明清家具在用材方面，有鲜明的时代特点。因此，辨别木材是鉴定家具年代首先要注意的问题。传世的明清家具中，有不少是用紫檀、黄花梨、鸡翅木、铁力木等木料制作。因在清代中期以后，这四种木料日见匮乏，成为罕见珍材。所以，凡是用这四种硬木

◎**紫檀雕莲花六扇围屏（一组）　明代**
264厘米×211厘米×44厘米
　　屏风六扇，紫檀木质地，屏身五抹界五格，上眉板、腰板及两边扇用浮雕宝相花的条环板围成一圈，中间为攒套方锦纹屏心。再以黄绫作衬，更加美观、秀丽。下裙板以浮雕岔角花围成开光，当中浮雕宝相花纹。

◎**紫檀雕拐子龙纹翘头案　明代**

305厘米×115厘米×53厘米

　　此案通体紫檀木质地，两端回纹翘头，面下四周加如意纹边。牙条及牙头浮雕螭纹及卷草纹。腿面以回纹锦压边，当中浮雕拐子式云纹。前后腿间装双枨，镶透雕双螭纹条环挡板，四足带撇脚。

◎**海南黄花梨出头圈椅、几（三件）　明代**

椅：61厘米×48.5厘米×97厘米

几：47.5厘米×41.5厘米×70.5厘米

　　海南黄花梨老料新工，通体圆材，弧面背板，采用三段体分段装饰，上半部有朴素纹饰，下部用云纹亮脚过渡。扶手两端出头，鹅脖弧线均衡优美。

◎**海南黄花梨皇宫椅、几（三件）   明代**

椅：60厘米×48厘米×99厘米

几：48厘米×46.5厘米×68.5厘米

　　该椅通体属海南黄花梨老料，木纹流畅生动，椅圈五接，衔接自然，线条流畅，靠背攒框做成，分三段装饰；上段开光镂空卷草纹，中段镶素板一块，落膛踩鼓做法，下段亮脚雕倒挂蝙蝠，靠背板与椅圈及椅盘相交处，透雕卷草纹角牙，座面攒框装板，落膛踩鼓，椅面下有束腰，鼓腿膨牙内翻马蹄，腿足落在带龟脚的托泥之上。

◎**紫檀明式夹板圈椅、几（三件）   明代**

椅：61.5厘米×47厘米×98厘米

几：49厘米×45厘米×73厘米

　　圈椅为紫檀木制成，椅圈三接，前后腿足一木连做，与扶手、椅圈相接，靠背板三曲，分三段攒框装板，上段在开光内雕双龙纹，中段素板落膛踩鼓，下段雕云头亮脚。座面冰盘沿线脚，座面下三面镶安延边起线素券口牙子，四足间安步步高赶枨。

91

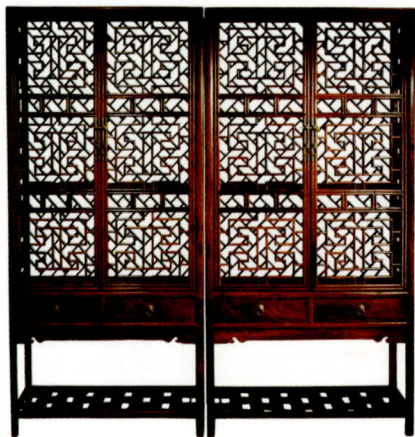

◎海南黄花梨透棂书橱（一对） 明代

88厘米×41.5厘米× 178.5厘米

柜为四面平式方角攒边造型，方腿直足，分为上、中、下三部，上部对开双门，门框内及两侧立墙、后背板均镶大攒接透空棂格，中部安抽屉两具，上安黄铜吊环面叶，抽屉下装延边起线素牙条一根，最下部为一四面开敞的空间。

制成而又看不出改制痕迹的家具，大都是传世已久的明代或清代前期原件。虽说此类名贵家具近代仿制的也有，终因材料难得及价格昂贵，为数极少。今存的明清硬木家具中，也有许多是使用红木、花梨木和新鸡翅木制作的。由于这几种木材，在紫檀、黄花梨等名贵硬木日益难觅的情况下才被大量使用，所以，用这些木料制作的家具，多为清代中期以后直至晚清、民国时期的产品。如有用红木、花梨木或新鸡翅木做的明式家具，因其材料的年代与形式的年代不相吻合，大多是近代的仿制品。值得注意的是，有大量传世的榉木家具，不能以材质来判断年代，因为它在明清两代均被广泛用于制作家具，并在形式上较多地保持了一致性，许多清代中期乃

◎红木南官帽式笔杆床 清代

181厘米×82厘米×81厘米

此床三围式，棕帮藤面，形制小巧，扶手和靠背类似南官帽椅的形状，采用笔杆形制，编成栅栏形式，所以称笔杆床。弓字枨档，四条圆柱腿。

◎紫檀雕云蝠纹多宝 （一对） 清代
58厘米×24.8厘米×80.8厘米

◎黄花梨三联闷户橱 清代
86厘米×188厘米×52厘米
　　闷户橱的造型类似没有托泥的翘头案，在四腿之间安装了几条顺枨和横枨，加抽屉、隔板和立墙后成橱，前脸饰以牙板和坠角。

◎黄花梨两出头官帽椅　清早期

99厘米×58厘米×44.5厘米

存世黄花梨官帽椅中，多见不出头南官帽椅与四出头官帽椅，而仅扶手出头的官帽椅却少之又少。

初观此椅会觉造型奇特，介于四出头官帽椅与南官帽椅之间，但细品味会发现其榫卯结合严密，工艺精细，为典型明式椅具，别具韵味。唯一遗憾之处在于其靠背板正中所嵌物已遗失，但清水皮壳，原汁原味，保存完好。

◎红木广式大靠椅　清代

87.2厘米×53.6厘米×109厘米

红木为材，规格较大，形制别致。面呈猪腰形，铜扣真皮，有靠背和扶手。装饰彩绘书画和镂空灵芝纹背板，脚踏为钱纹。

至更晚的榉木制品，依然沿袭着明代的手法。所以，对于榉木家具的断代，应更多地依靠其他方面的鉴定。

二、从品种上鉴定

明清家具的品种，往往与年代有密切的关系。有些较早出现的家具品种，往往到了清代后就不再流行，所以，除了极少数后世有意仿制外，其制作年代不应晚于它的流行年代。也有一些家具品种，出现的时间较晚，器物的本身，就很好地说明了其年代。如圈椅，入清以后已不流行，从传世品来看，它们多用黄花梨制作，很少有红木或花梨木的制品，其造型和雕饰风格也较早。所以，传世的圈椅，基本都是明式家具。又如茶几，本身就是为适应清代家具布置方法而产生的品种，它由明代的长方形香几演变而来，传世的大量实物中，多为红木、花梨木制品，未见年代较早的。很显然，茶几是清式家具品种。

三、从形式上鉴定

家具的形式，是断代的重要依据。许多明清家具的年代早晚，都可以从形制上的变化来判断。

如坐墩的形式，即经历了一个由矮胖到瘦高的变化过程，凡具有前者特征的坐墩，其年代一般要早于后者。但也有一种四足呈如意柄状的常见清式坐墩，形体兼有矮胖、瘦高两种，它们多为清中期后的广式家具，苏式家具中也有仿制。

在扶手椅中，凡靠背和扶手三面平直方正的，其制作年代大多较早。

从罗汉床的床围子形式变化来看，三块独围板的罗汉床，比三块攒框装板围子的要早；围子尺寸矮的，要早于尺寸高的；围子由三扇组成，比五扇或七扇组成的要早。凡围子形式较早的罗汉床，其床身造法也较早，反之，则较晚。

对于架槅来说，区别它是明式还是清式，主要看它的横板是通长一块，还是立墙分隔。至于架槅被分隔成有高低大小许多槅子的多宝格，绝非明式，它是清乾隆时期开始流行的形式。

四、从花纹上鉴定

明清家具上的花纹，是鉴定家具制作年代的最好依据。家具花纹与其他工艺品的花纹一样，具有鲜明的时代性，因此，在鉴定家具时，有确切年代的其他工艺品上的花纹，是很好的对比参照物。但在参照时宜采用题材相同，或接近的加以对比，这样就比较容易判断年代。

明清家具与其他工艺品不同，绝大多数没有年款，其鉴定是一项复杂的工作。上述鉴定方法，除根据花纹可以判断较具体的年代外，其他的大都只能区分明式或清式，一些鉴定标准也仅供参考，切不可生搬硬套。因为明清家具有时在用材、品种、形式、造法及花纹上，或沿袭传统，或刻意仿造，极难断代。对这种家具的鉴定，就更要进行详尽和全面的科学考察。

五、从结构上鉴定

判断明清家具的年代早晚，有时也可根据某些构件的造法来判断。但这种方法必须结合整体造型和其他构造法的鉴定。现将明清家具中某些构件的造法介绍如下：

搭脑，凡靠背椅和木梳背椅的搭脑（靠背顶端的横料）中部，有一段高起的，要比用直搭脑的晚；靠背椅的搭脑与后腿上端格角相交，这是广式家具的造法，苏州地区造的明式椅子，此处多用挖烟袋锅榫卯，时代较早。

屉盘，椅凳和床榻的屉盘（垫子），有软、硬两种，软屉用棕、藤皮或其他动植物纤维编成，硬屉则用木板造成（一般采用打槽装板造法）。考究的明代及清代前期家具，大多是十六至十八世纪初苏州地区的产品，屉盘多为软屉，少有硬屉。今存完好的传世软屉家具，大多可视为苏州地区制造，而硬屉家具则很可能是广州或其他地区所造。

牙条，桌几牙条与束腰一木连做的，要早于两木分做的；椅子正面的牙条仅为一直条，或带极小的牙头，为广式家具的造法，时代较晚。苏州地区制造的明式家具，其牙条下的牙头较长，或直落到脚踏枨（横档），成为券口牙子。

牙头，夹头榫条案的牙头造得格外宽大，形状显得臃肿笨拙的，大多是清代中期后的造法。

枨子，凡罗锅枨的弯度较小且无圆婉自然之势，显得生硬的家具，其制作年代较晚；明式家具的管脚枨都用直枨，而清中期后管脚枨常用罗锅枨，晚期的苏式家具更是流行此做法。这是区别明式和清式家具十分重要的特点。

卡子花，明式家具上常用双套环、吉祥草、云纹、寿字、方胜、扁圆等式样，清中期以后的卡子花渐增大且趋于繁琐，有些做出花朵果实，有些造成扁方的雕花板块或镂空的如意头。根据卡子花的式样，可有效地判别明式和清式家具，并确定其大致年代。

腿足，明式家具除直足以外，还有鼓腿膨牙、三弯腿等向内或向外兜转的腿足，其线条自然流畅，寓劲道于柔婉中。清中期的家具腿足矫揉造作，常作无意义的弯曲，清晚期的苏式家具中，这种做法特别突出。其造法通常是选用大料做成直足，然后在中部以下削去一段，并向内骤然弯曲，至马蹄之上又向外弯出。这种做法大至大椅，小至案头几座，无不如此。

马蹄，明式家具与清式家具的马蹄，区别显著，前者是向内或向外兜转，轮廓优美劲峭，而后者则呈长方或正方，并常有回纹雕饰，显得呆板落俗。

第 六 章

家具的辨伪技巧

　　随着家具收藏的持续升温，中国古典家居元素广受欢迎，老家具的收藏爱好者越来越多，这似乎成为了一种潮流、一种时尚。然而，古家具与其他门类的文物一样，也有作假现象，且作伪的手法越来越高明。家具的作伪，已成为每个家具收藏爱好者及研究者无法回避的棘手问题。特别是明清家具，市场上的仿品较多，鉴定明清老家具，不仅应对材质、年份、完整程度和精美程度等诸多因素考察判断，还要用从材质观察木纹、掂分量等方法来确定。

　　古典家具看似真伪难辨，但如果平时多接触市场，了解一些家具常识，特别是了解各种作伪的手法，掌握一些辨伪技巧，那么鉴别古家具就会变得轻松许多。要提高自己的辨伪能力，最基本的要求是做到两点：一是真心喜欢；二是多看真品、多听人讲、多想问题。这样才会"长眼力"，才不会"看走眼"。

一、家具的制作方法

以手工方式制作家具，做工和技艺尤为重要。随着时代的发展，家具的制造在继承明清以来优质硬木家具传统技艺基础上，工艺水平得到了不断的提高，其中许多优秀产品，做工精益求精，工艺科学合理。

1.木材干燥工艺

首先，家具的制造往往直接取决于用材的性质。红木、花梨木等木材与紫檀、黄花梨在木材质地上尚有一定差别，因此，用材的加工处理就成为家具质量的先决条件。不少木材常含油质，加工成家具的部件容易"走性"，就是白坯完工以后，也还会影响髹饰。民间匠师在长期的生产实践中摸索出了许多处理木材材质的方法，不少是行之有效的经验。旧时，一般先将原木沉入水质清澈的河边或水池中，经过数月甚至更长时间的浸泡，使木材里面的油质渐渐渗泄出来，然后将浸泡过的原木拉上岸，待稍干后锯成板材，再存放在阴凉通风的地方，任其慢慢地自然干燥，到那时，才用它们来配料制作家具。

这种硬木用材的传统处理方法，所需时间较多，周期较长，现代生产已很少采用，但经如此干燥后的木材，"伏性"强，很少再有"反性"现象。用作镶平面的板材，需经一二年的自然干燥，而且还需注意木材纹理丝缕的选择。民国以后，有些硬木家具的面板开始采用"水沟槽"的做法，即在面板入槽的四周与边抹相拼接处留出一圈凹槽，可避免面板因涨缩而发生破裂或开榫现象。

2.家具制造的打样

制造每件家具，总要先配料划线。划线也叫"划样"。旧时没有设计图纸，式样都是师徒相传，一代一代口授身教，每种产品的用料和尺寸，工时与工价，均需十分熟悉并牢牢记住。家具的新款式，主要依靠匠师中的"创样"高手，江南民间称他们叫"打样师傅"。在长期实践中，凭借丰富的经验，他们常常能举一反三，设计创新。旧时硬木家具的制造，大户人家常邀请能工巧匠到自己家中来"做活"，少则数月，多达一二年。工匠们根据用户的要求从开料做起，一直到整堂成套家具完工。因此，民间又有所谓"三分匠，七分主"的说法，意思是指工匠的打样或设计，往往需要依照主人的要求进行，有

◎一腿三牙方桌　明代
94.3厘米×94.3厘米×85厘米

◎黄花梨提盒　明代
高35厘米

◎黄花梨簇云纹三弯腿六柱式架子床　明代

230厘米×222厘米×155厘米

　　六柱式架子床，攒框床顶承尘与立柱方孔套接，透雕花卉纹挂檐，透雕螭龙纹坠角，立柱之间加"开门见山"罗锅枨。这张床在装饰上最显著的特点是：门围子和床围子采用复杂的攒接工艺制成，繁缛精美，图案丰满，充满韵律，雅而不俗。挂檐、束腰和牙板的雕饰圆润华丽，栩栩如生，寓意多子多福、吉祥长寿。这张床制作精细，构思巧妙沉稳的床座和空灵剔透的围子和谐统一，体现了明式家具既注重结构的合理性又强调装饰效果的特点。

◎黄花梨如意云纹圈椅（一对） 明代
61.5厘米×47.7厘米×103厘米

　　椅圈自搭脑中部向两侧扶手一顺而下，弧度蜿蜒流畅，背板上部与椅圈连接处两侧饰牙条，正中雕如意卷草纹，扶手两端向外翻卷，与鹅脖交角处有云纹托牙。藤心座面，落膛做，座面下为壶门式券口，腿间安步步高赶枨。

时，甚至主人直接参与设计。所以，流传至今的家具传统式样，不少都是在传统基础上集体创作完成的。

3.精湛卓越的木工工艺

　　富有优良传统的木工加工技艺发展到硬木家具制造的年代，已达到登峰造极的地步。木工行业中流传着所谓"木不离分"的规矩，就是指木工技艺水平的高低，常常相差在分毫之间。无论是用料的粗细、尺度，线脚的方圆、曲直，还是榫卯的厚薄、松紧，兜料的裁割、拼缝，都是直接显示木工手艺的关键所在，也是衡量家具质量至关重要的内容。因此，木工工艺要求做到料份和线脚均"一丝不差"，"进一线"或"出一线"都会造成视觉效果的差异，兜接和榫卯要做到"一拍即合"，稍有歪斜或出入，就会影响家具的质量。苏州地区木工行业中，至今仍流传着"调五门"的故事。传说，过去有位木工匠师，手艺特别出众，一次，他被一家庭院的主人请去造一堂五具的梅花形凳和桌。匠师根据设计要求制成后，为了说明自己的手艺高明，让主人满意放心，便在地上撒了一把石灰，然后将梅花凳放在上面，压出五个凳足的印迹来。接着，按五个印迹的位置，一个个对着调换凳足。经过四次转动，每次五个凳脚都恰好落在原先印出的灰迹中，无分毫偏差，主人看后赞不绝口。

（1）工艺与构造的设计

在木工手艺中，许多工艺和结构的加工均需匠心独运，尤其是各种各样的榫卯工艺，既要做到构造合理，又要做到熟能生巧，灵活运用。家具中常常利用榫卯的构造来增强薄板或一些构件的应变能力，以避免横向丝缕易断裂、易豁开等缺点。对于一些家具的镂空插角，匠师们巧妙地吸收了45度攒边接合的方法，将两块薄板分别起槽口，出榫舌后拼合起来，既避免了采用一块薄板时插角因镂空而容易折断的危险，又提供了插角两直角边都可挖制榫眼的条件，只要插入桩头，即能很好地与横竖材相接拼合。

由于清式造型与明式造型的差异，家具形体的构造往往出现各种变化，因此，在家具的制造工艺上形成了许多新的方法，像太师椅等有束腰扶手椅的增多，一木连做的椅腿和坐盘的接合工艺已显得格外复杂，工艺要求也更高。这类椅子的成型做法，需要按部就班，一丝不苟，大致可分四个步骤。第一步是前后脚与牙条、束腰的连接部分先分别组合成两侧框架，但牙条两端起扎榫、束腰为落槽部分，以便接合后加强牢度。第二步是将椅盘后框料同牙条和束腰与椅盘前牙条和束腰同步接合到两侧腿足，合拢构成一个框体。第三步是将椅盘前框料与椅面板、托档连接接合，再与椅盘后框料入榫落槽，摆在前脚与牙条上，对入桩头拍平，然后面框的左右框料从两侧与前后框料入榫合拢。前框料为半榫，后框档做出榫。第四步是安装背板、搭脑和两侧扶手。

（2）科学合理的榫卯结构

工艺合理精巧，榫卯的制作是最重要的方面。经过长期的实践，后期家具中榫卯的基本构造，有些做法已与明式家具榫卯稍有不同，如丁字形接合的所谓"大进小出"，即开榫时把横档端头一半做成暗榫，一半做成出榫，同时把柱料凿出相应的卯眼，以便柱侧另设横档做榫卯时可作互镶。后期家具一般就不再采用这种办法，常一面做出榫，一面做暗榫。又如棕角榫的运用，依据不同的情况作出相应的变化后，更适应形体结构和审美的要求。棕角榫在桌子面框与脚柱的交接处侧面出榫，桌面和正面不出榫，在书架、橱柜立柱与顶面的交接处，顶面出榫和两侧面出榫，正、背面不出榫。然而在一种橱顶上，棕角榫又出现了明显的变体做法，为了适应顶前出现束腰的形式，在顶前部制作凹进裁口形状，以贴接抛出的顶线和收缩的颈线，取得一种特殊的效果。这种构造的内部结构虽仍是运用了棕角榫的原理和做法，但外形已经不呈棕角形。再有，如传统硬木家具典型的格肩榫，硬木家具一般不做小格肩。所谓大格肩的做法，也常取实肩与虚肩的综合做法，即将横料实肩的格肩部分锯去一个斜面，相反的竖材上留出一个斜形的夹皮。这种造法既由于开口加大了胶着面，又不至于因让出夹皮位置而剔除过多，而且加工方便。江南匠师把这种格肩榫叫做"飘肩"。

家具常用的榫卯归纳起来大致有以下十几种：格角榫、出榫（通榫、透榫）、长短榫、来去榫、抱肩榫、套榫、扎榫、勾挂榫、穿带榫、托角榫、燕尾榫、走马榫、棕角榫、夹头榫、插肩榫、楔钉榫、裁榫、银锭榫、边搭榫等等，通过合理选择，运用各种榫卯，可以将家具的各种部件作平板拼合、板材拼合、横竖材接合、直材接合、弧形材接合、交叉接合等等。根据不同的部位和不同的功能要求，做法各有不同，但变化之中又有规律可循。清代中期以后，不同地区常有一些不同的方法和巧妙之处，如插肩榫和夹头榫的变体，抱肩榫的变化等等。

有人以为，精巧的榫卯是用刨子来加工的，其实，除槽口榫使用专门刨子以外，其他均使用凿和锯来加工。凿子根据榫眼的宽狭有几种规格，可供选用。榫卯一般不求光洁，

◎花梨南官帽椅（一对） 清早期
55厘米×42厘米×94厘米
　　此对南官帽椅由珍贵黄花梨制成，靠背板、扶手上矮老及扶手均呈"S"形，线条流畅，造型舒展。座面用藤屉，冰盘沿下开壶门，腿足外圆内方，四腿直下，腿间装步步高管脚枨，迎面的管脚枨下装极窄的牙条。

◎酸枝四方座　清代
20厘米×26厘米×8厘米

只需平整，榫与卯做到不紧不松。松与紧的关键在于恰到好处的长度。中国传统硬木家具运用榫卯工艺的成就，就是以榫卯替代铁钉和胶合。比起铁钉和胶合来，前者更加坚实牢固，同时又可根据需要调换部件，既可拆架，又可装配，尤其是将木材的截面都利用榫卯来接合而不外露，保持了材质纹理的协调统一和整齐完美。中国传统家具通过几千年的发展，自明代以后，能如此将硬木家具的材料、制造、装饰融于一体，这种驾驭物质的能力，不能不说是对全人类物质文明的巨大贡献。

（3）木工水平的鉴别

要全面地检查一件家具木工手艺的水平，各地都有不少丰富的经验，看、听、摸就是常采用的方法。看，是看家具的选料是否能做到木色、纹理一致，看结构榫缝是否紧密，从外表到内堂是否同样认真，线脚是否清晰、流畅，平面是否有水波纹等等；听，是用手指敲打各个部位的木板装配，根据发出的声响判断其接合的虚实度；摸，是凭手感触摸是否顺滑、光洁、舒适。家具历来注重这种称为"白坯"的木工手艺，一件优秀出众的家具，往往不上漆，不上蜡，就已达到完美无瑕的水平。

（4）传统的木工工具

"工欲善其事，必先利其器。"精巧卓越的手工技艺，离不开得心应手的工具。制作家具的木工工具主要有锯、刨、凿和锉。由于硬木木质坚硬，故刨子所选用的材质，刨铁在刨膛内放置的角度，都十分讲究。

明代宋应星编著的《天工开物》一书中记有一种称为"蜈蚣刨"的工具，至今仍是木工不可缺少的专用工具，其制法也与旧时一样，"一木之上，衔十余小刀，如蜈蚣之足"。现民间匠师称其叫"铧"。使用时一手握柄，一手捉住刨头，用力前推，可取得"刮木使之极光"的效果。

在木锉之中，有一种叫"蚂蚁锉"的，木工常用它来作为局部接口和小料的处理加工，也是用作"理线"行之有效的专用工具。有人以为凹、凸、圆、曲、斜、直的各种线脚全部是依靠专用的线刨刨出来的，其实许多线脚的造型离不开这一把小小的蚂蚁锉，它在技师手中的应用，实在可达到出神入化的地步。

4.揩漆工艺

传统家具在南方都要做揩漆，不上蜡，故除木工需好手外，漆工同样需要有好的做手。漆工加工的工序和方法虽各地有差异，但制作的基本要求大致相同。揩漆是一种传统手工艺，采用生漆为主要原料。生漆加工是关键性的第一道工艺，故揩漆首先要懂漆。生漆来货都是毛货，它必须通过试小样挑选，合理配方，细致加工过滤后，经晒、露、烘、焙等过程，方成合格的用漆。有许多方法秘不外传，常有专业漆作的掌漆师傅配制成品出售，供漆家具的工匠们选购。

揩漆的一般工艺过程先从打底开始，也称"做底子"。打底的第一步又叫"打漆胚"，然后用砂纸磨掉棱角。过去没有砂纸时，传统的做法是用面砖进行水磨。第二步是刮面漆，嵌平洼缝，刮直丝缕。第三步是磨砂皮。磨完底子也就做成，便进入第二道工序。这一工序先从着色开始，因家具各部件木色常常不能完全一致，需要用着色的方法加

◎红木雕花书案　清代
170厘米×80厘米×86厘米

◎红木嵌大理石圆桌、凳（七件）　清代
桌：76厘米×78厘米；凳：32厘米×47厘米

工处理；另外根据用户的喜好，可以在明度上或色相上稍加变化，表现出家具的不同色泽效果。

　　清代中期以后，由于宫廷及显贵的爱好，紫檀木家具成为最名贵的家具，其次是红木。紫檀木色深沉，故有许多红木家具为了追求紫檀木的色彩，着色时就用深色。配色用颜料，或用苏木浸水煎熬。有些家具选材优良，色泽一致，故揩漆前不着色，这就是常说的"清水货"。接着就可作第一次揩漆，然后复面漆，再溜砂皮。同样根据需要还可着第二次色，或者直接揩第二次漆。接下去就进入推砂叶的工序。砂叶是一种砂树叶子，反面毛糙，用水浸湿以后用来打磨家具的表面，能使之极光亮且润滑。传统中还有先用水砖打磨的，现早已不用，改用细号砂纸。最后，再连续揩漆三次，叫做"上光"。上光后的家具一般明莹光亮，滋润平滑，具有耐人寻味的质感，手感也格外舒适柔顺。在这过程中，家具要多次送入荫房，在一定的湿度和温度下漆膜才能干透，具有良好的光泽。北方天寒干燥，不宜做揩漆，多做烫蜡。

　　现代硬木家具揩漆多用腰果漆。腰果漆又名阳江漆，属于天然树脂型油基漆。采用腰果壳液为主要原料，与苯酚、甲醛等有机化合物，经缩聚后加溶剂调配成，是似天然大漆的新漆种。

二、家具的作伪形式

如果经营得当，老家具业所获利润是很大的。因此，在经济利益的驱使下，作伪手法越来越高明，赝品屡屡应市。老家具的作伪已成为每个家具收藏、爱好及研究者面临的困惑。

1.以次充好

以次充好现象主要表现在家具的材质方面。明清家具材质主要以紫檀木、黄花梨木、铁梨木、乌木、鸡翅木、花梨木和酸枝木制成。目前，广大收藏爱好者普遍缺乏对各类高档木材的认识，而投机者就利用这一点，将较次木材染色处理，假冒良木。如将黑酸枝冒充紫檀，或将普通黄花梨木染色处理冒充紫檀，或将白酸枝或越南花梨冒充海南黄花梨木。还有红酸枝木，若论木质不亚于紫檀，于是又有人将缅甸木、波罗格、缅红漆等说成是红酸枝木。以次充好的原因无非是利益驱使，因为这些木材的价位依其材质差异悬殊甚大，如越南花梨和海南黄花梨，它们的价位相差十至十五倍以上。随着材料的短缺，各类木材的价格还要上涨，随时了解材质行情，对判断家具的价值至关重要。一般情况下，紫檀、黄花梨和酸枝木的纹理都很清晰、细密。凡纹理模糊不清的，或纹理粗糙的都应慎重对待。

2.拼凑改制

随着家具收藏热的升温，真正的明清家具原物已很少见到。然而广大收藏爱好者一味尚古，非要买旧的。这样就促使一些人专门到乡下收购古旧家具残件，经过移花接木，拼凑改制攒成各式家具。也有的家具因保存不善，构件残缺严重，也被采取移植非同类品种的残余构件的方法，凑成一件材质混杂、不伦不类的家具。

3.化整为零

利用完整的家具，拆改成多件，以牟取高额利润。具体做法是，将一件家具拆散后，依构件原样仿制成一件或多件，然后把新旧部件混合，组装成各含部分旧构件的两件或更多件原式家具。最常见的实例是把一把椅子改成一对椅子，甚至拼凑出四件，诡称都是旧物修复。这种作伪手法最为恶劣，不仅有极大的欺骗性，也严重地破坏了珍贵的古代文物。我们在鉴定中如发现有半数以上构件是后配，应考虑是否属于这种情况。

4.常见品改罕见品

之所以要利用常见家具品种改制成罕见品种，是因为"罕见"是家具价值的重要体现。因此，不少家具商把传世较多且不太值钱的半桌、大方桌、小方桌等，纷纷改制成较为罕见的抽屉桌、条桌、围棋桌。实际上，投机者对家具的改制，因器而异，手法多样，如果不进行细致研究，一般很难查明。

5.贴皮子

在普通木材制成的家具表面"贴皮子"（即包镶家具），伪装成硬木家具，高价出售。包镶家具的拼凑处，往往以上色和填嵌来修饰，有的把拼缝处理在棱角处。做工精细者，外观几可乱真，不仔细观察，很难看出破绽。需要说明的是，有些家具出于功能需要或是其他原因，不得不采用包镶法以求统一，不属于作伪之列。

6.调包计

采用"调包计"，软屉改成硬屉。软屉，是椅、凳、床、榻等类传世硬木家具的一种由木、藤、棕、丝线等组合而成的弹性结构体，多施于椅凳面、床榻面及靠边处，明式家具较为多见。与硬屉相比，软屉具有舒适柔软的优点，但较易损坏。传世久远的珍贵家具，有软屉者十之八九已损毁。由于制作软屉的匠师（细藤工）近几十年日臻减少，所以，古代珍贵家具上的软屉很多被改成硬屉。硬屉（攒边装板有硬性构件），原是广式家具和徽式家具的传统做法，有较好的工艺基础。若利用明式家具的软屉框架，选用与原器材相同的木料，以精工改制成硬屉，很容易令人上当受骗，误以为修复之器为结构完整、保存良好的原物。

7.改高为低

为适应现代生活的起居方式，把高型家具改为低型家具。家具是实用器物，其造型与人们的起居方式密切相关。进入现代社会后，沙发型椅凳、床榻大量进入寻常百姓家。为了迎合坐具、卧具高度下降的需要，许多传世的椅子和桌案被改矮，以便在椅子上放软垫，沙发前放沙发桌等。不少人往往在购入经改制的低型古式家具时，还误以为是古人流传给今人的"天成之器"呢。

8.更改装饰

为了提高家具的身价，投机者有时任意更改原有结构和装饰，把一些珍贵传世家具上

◎紫檀霸王枨书桌　清代

170厘米×78厘米×84厘米

　　该书桌选紫檀精制而成，纹理清晰，包浆莹润。桌面攒框镶独板，棕角榫构造，四腿与霸王枨格肩相交，直腿，内翻马蹄足。

的装饰故意除去，以冒充年代较早的家具。这种作伪行为，同样也是一种破坏。

9.制造使用痕迹

在制造使用痕迹方面，大致有如下手段：

在新做好的家具上泼上淘米泔水和茶叶水，然后搁在室外的泥土地上，任它日晒雨淋，两三个月里反复几次后，木纹会自然开裂，油漆龟裂剥落，原木色泽发暗，显出一种历经风雨的旧气，仿佛几十年上百年的时间就浓缩在里面。如果是桌椅类家具，就将四条腿埋在烂泥地里，时间一长，这一截腿会由浅入深地褪色，呈现一种水渍痕，很容易骗过外行。真品的水渍痕一般不超过一寸。

对一些使用频率比较高的家具，比如桌子、箱柜，就在表面用钢丝球擦出一条条痕迹，上漆后再用茶杯、锅子烫出印记，用小刀划拉几道印子，看上去真像用了几十年一样。

为了做出包浆，有些作伪者常用漆蜡色作假，甚至用皮鞋油使劲地擦揩。但鉴别起来也不难，自然形成的包浆，摸上去没有丝毫寒气，反而有温润如玉的滑溜感，而新做的包浆有粘涩阻手的感觉，并且有一股怪味道。

为了达到更加逼真的效果，有些老板还在家具的抽屉板上做出被老鼠咬过的缺口，或用虫专门蛀出特殊的效果。有些买家一看到木档和板上有虫蛀的痕迹，就以为自己碰到真品了。

三、家具的辨伪内容

随着家具收藏热的兴起，当前在古旧家具市场上，泛滥着大量仿古家具，收藏者应该掌握一定的辨伪知识，以提高自己的辨识能力。

1.气韵辨伪

气韵是中国家具的文化内涵，家具有气韵不是空洞的，它渗透到家具的每一根线条之中，体现于每一个造型语言中。古家具行家常常会说：一件精品的家具，自己会说话。说的就是家具的这种气韵。古家具的这种气韵是经过无数代工匠的智慧结晶沉淀下来的。如明代黄花梨圈椅的扶手端头，它的外撇造型如流水般洗练，其上常常雕以简洁的线纹，给人以弹性的感觉，这就是家具的气韵。而现在仿制古家具，往往急功近利，仅仅停留在形似，决不可能有气韵，学会辨别气韵，是鉴赏古家具的基础。要学会辨气韵，就得博览群器，多欣赏真品，增长眼力。

◎黄杨木太师椅（一对）　清代

高66厘米

◎红木一炷香云石圆台　清代

88厘米×83厘米

　　圆台上嵌云石面，底盘也呈圆形。底盘与台面之间采用一炷香造型，台面与底座用榫卯联结，可转动，用一根藤装饰牙板枨档。

◎薄意花草纹笔筒　清代

8.3厘米×13.1厘米

　　笔筒呈圆柱体，包浆温润，筒身用薄意手法刻画花草纹饰，立意清新淡雅。

2.雕刻辨伪

　　雕刻是明清家具的重要装饰语言。鉴别仿制家具的雕刻应注意以下几点：察刀法。仿造之刀，呆滞生硬，刻意追求像不像而失去了神态，有时为了仿冒故意突出某个局部，使整个布局失去了均衡。观线条。在家具的雕刻中，线条最简单，但线条最难做，稍不留意就会露出马脚。而那些边沿线条、纹饰外线、回纹线等，常常是露出破绽的地方。审细部。古典硬木家具的雕刻，非常讲究细部的精致性，而现在仿制家具的材料不到位，很难做到精致。

3.打磨辨伪

　　传统家具的制作中，有"三分做工，七分打磨"的说法。在古时，师傅做好家具后，学徒的要用各种打磨的材料对家具进行打磨，常常一磨就是数年，有的用竹节草，有的用细竹丝，有的紫檀家具甚至是用竹片一点一点刮磨出来的。这种打磨功夫深刻入微，绝不遗留半点空白，特别是那些细微之处、深凹之处，都能打磨得非常光滑柔润。而新仿家具，大多是机械性打磨，外凸与平整部位，可以抛光得如镜面，但在坑坑洼洼里，机械就无能为力，必定会残留下毛毛糙糙的痕迹。人工打磨，也决不能有如从前那样的深功夫。

　　还有一点，由于材质的硬度不足，再打也不会起光泽。

◎铁力木广式大方凳（一对）　清代
49厘米×49厘米×51.5厘米

　　成对形制，保存完好，凳面方形，束腰，抛牙板，马蹄足，弓字档，造型敦厚，纹饰简洁。

4.髹漆辨伪

　　中国家具的髹漆工艺，是中国家具艺术的重要组成部分。各种家具有各种家具的髹漆工艺，这里所指髹漆辨伪，主要是指珍贵硬质木材家具，也即黄花梨、紫檀、红木类家具。这类家具的传统髹漆技法是"揩漆"工艺，它用天然漆（生漆）髹涂于器物的表面，待漆要干未干时，用纱布揩掉表面漆膜，如此反复多次，直至表面呈现光亮，最后进行打磨，以体现木材的天然纹理，这就是所谓"清水货"。而仿制家具，常采用"混水货"工艺，即用有色的漆膜，覆盖家具的表面，看不到木材的天然纹理。

5.包浆辨伪

　　包浆，是古玩的行语，系指古器物在传世的过程中，其表面所留下的风化痕迹。因木器容易上包浆，而且包浆层较厚，行话又称这种包浆为"皮壳"。家具的"皮壳"，通常呈一层玻璃质状态，非常柔和，木质的纹理自里而透外，色泽有一种苍老感，具有宝石般质感，一擦就会显示出光泽。而仿制作伪的旧家具，常用漆蜡色作假的皮壳，有的甚至用皮鞋油之类的劣质材料，目的是造假。作假的皮壳光泽是呆板浮躁的，用手触摸，真品的皮壳光滑温适；伪品则有一种腻涩之感，有受阻的感觉，甚至粘手。另外，古家具的里面也有包浆，收藏时应仔细辨别。

◎红木罗汉床　清代

185.5厘米×98.8厘米×109厘米

　　此床选上等红木料制成，纹理清晰，包浆莹润。七屏围板呈"步步高"式，围板边抹双混面，落膛踩鼓，攒框镶镜。两端扶手延伸出透雕灵芝纹站牙，刀工娴熟。藤面床心，高束腰上条环板置炮仗洞，牙板浮雕如意云纹和卷叶纹，折腿起阳线，外翻卷叶足。

6.款识辨伪

　　明清家具上的款识，大致分为三类：一是纪年款，二是购置款，三是题识。纪年款，只是记录器物的制作年代，这种纪年款大多出自工匠之手。明代家具中有纪年款的较少，从王世襄先生文中得知，故宫藏品中，有漆木家具上刻写着"大明宣德年制""大明嘉靖年制""大明万历年制"等。购置款，是记载此器物的购置地点、购置经过，或是定制的造价、地点等。例如，明代崇祯年间一件铁力木翘头案的面板底面刻有"崇祯庚辰年冬制于康署"的字样。"崇祯庚辰"是崇祯十三年，也就是公元1640年。显然此件家具的款识是主人所刻的购置款。购置款的家具为该家具的断代提供了一定的依据。题识，是收藏家、鉴赏家题刻在家具上的墨迹，或是记载此家具的来历，或是记载得此家具的品评感慨与喜悦之情。总之，一经名人之手，也就身价十倍，成为名器而令人瞩目和珍爱了。总之，带款的家具很少。即使有带款识的家具，也不能掉以轻心，要结合历史文献，要从家具的时代风格、装饰、工艺、材质进行全面地分析，才能辨别真伪。

7.新旧辨伪

新仿家具与古家具的价值区别较大。年代越久远，差距越悬殊。辨别新仿家具，主要观察木器的雕花部位打磨的细致程度。新仿木器往往粗糙生楞。比如外表光，里侧像刀子似拉手，在古家具中是少有的。其次，观察有无使用近现代工艺和手法。如一个圆角柜，它的透榫两侧呈圆弧形，则是新仿的，因为这种圆弧榫眼是出自近代的打眼机。必须具有丰富的实践经验，广博的历史学、考古学、文化艺术和家具专业方面的知识，对家具进行全方位综合性地了解，具体掌握明清家具造型比例，结构榫卯，木质纹理，雕镂装饰，款识风格的不同特点，这些是鉴定明清家具的基础。要注重家具形制的大小，了解不同形制的制作年代；观察榫卯结合处，了解不同时代榫卯结构特点，注重榫卯使用的工具；用手感辨别不同的木质，观察木质表面光泽和木质散发的气味；熟知历代用料情况；熟知不同时代装饰风格，了解区域性装饰风格，注意观察细部装饰工艺；注重款识辨伪。总之，古家具辨伪和断代是学习鉴赏家具的重要环节。

◎**黄花梨佛经柜　清早期**

105厘米×40厘米×104厘米

柜格为黄花梨木质，齐头立方式，正面开多格，皆有门，门攒框镶条环板，其上浅浮雕穿云龙，龙眼突起，脚踩如意头状云朵，体态乖张，威严凌厉，框以缠枝莲纹为饰；柜面周边设6具缠枝莲纹抽屉，间以暗八仙纹饰条环板；柜下牙板雕回纹、缠枝纹及兽首，阳线肥满，与内翻马蹄足相交。柜内空广，用于置放经文、经卷。

第 七 章

明清家具的鉴赏与价值

　　明代古典家具以线形优美流畅、结构简单为特征，以科学的榫卯结构相连接，既实用又富装饰性。其丰富的内涵美，是人类共同审美观念的升华，所以既受古人喜爱，也给予现代人美感享受。

　　清代家具经历了近三百年的历史，从继承、演变、发展，以至形成自己的独立风格，有它特殊的背景与经历以及独立存在的特色。综观清式家具，以清中期为代表，总的特点是品种丰富，式样多变，追求奇巧。装饰上富丽豪华，并能吸收外来文化，融汇中西艺术，造型上突出稳定、厚重的雄伟气度，制作上汇集雕、嵌、描、绘、堆漆、剔犀等高超技艺，品种上不仅具有明代家具的类型，而且还延伸出诸多形式的新型家具，使清式家具形成了有别于明式风格的鲜明特色。对于明、清两代家具风格特点的了解和掌握，是我们欣赏、鉴定家具时所必须具备的前提。

　　名扬海外的明清家具，最近成了国内外的热门话题，遗憾的是，对明清家具知其然的人多，知其所以然的人少，懂行识货者更少。要使中华这一传统物质文化遗产发扬光大重放异彩，我们就必须潜心学习研究，这是炎黄子孙的义务和责任。

一、明清家具鉴赏

　　明清家具，分为明式和清式家具两类，在国际上素有"艺术家具""文人家具"之美称，现今仿造颇多。在我国两千多年的家具发展演变中，中国家具在明清时期达到巅峰，其艺术造诣甚高，这与当时的文人雅士直接参与设计和监制有关。采用紫檀、黄花梨、酸枝木、鸡翅木、铁力木、乌木等名贵木材制造，使之更显尊贵、高雅。人们不懈地追求和仿造，更是近几十年来仿古家具风行的原因。

　　明清家具是现代居室和古典室内艺术设计的最佳题材。它既是人们日常生活用品，又是闲暇细赏之物。明式家具造型典雅，线条自然流畅，装饰简洁，浑然天成、不事雕饰；清式家具气派庄重，精雕细琢，工料考究，无所不用其极。观其形、赏其工、品其内涵，方谓赏之妙处，故爱好书画、向往艺术之士，特别喜爱明清家具。

　　明清家具仿品甚多，"形、艺、材"三优、贵气传神者较少。因为这是一种群体制作之艺术品，稍有一方失准就难成佳作。所以，除了拥有能工巧匠外，更在于监制严谨，而监制人必须具有高超的技艺，对明清家具有深入的研究，才能造就出形神皆备之珍品。否则，只会弄巧成拙，这就是市场上出现的有"形"无"神"而价格较低的所谓明清家具的原因。失去了应有的欣赏价值，就更谈不上什么收藏价值了。总而言之，只有"形""神"完美结合者，才能产生一种耐人寻味的美感。

二、增值的奥秘

　　社会之进步，人文之提升，宝材之称罕，高技之缺少，精品之难求，造就了明清家具在市场上升值的潜力。三五年之后紫檀、黄花梨寻觅将会艰难不易，其他几种名木也濒临绝

◎黄花梨供桌　清代

101厘米×55厘米×100.5厘米

　　该桌为黄花梨制成，面为独板，明榫构造，束腰打洼，下有托腮，牙板光素起阳线，罗锅枨上置荔枝、扶手、石榴样条环板。正面牙头镂雕福庆有余，寓意吉祥。两侧则雕卷草纹饰，直腿，内翻马蹄。

◎紫檀禅凳　清代

63厘米×63厘米×48.5厘米

　　此凳为明式风格，稳重端庄，其料选用小叶紫檀，牛毛纹理清晰美观，抚之光滑犹如肌肤。冰盘沿、束腰牙板光素，棕角榫构造，腿间安有罗锅枨，直腿抹边，内翻马蹄。

◎黄花梨带抽屉书桌　清早期

95.5厘米×43.5厘米×75.5厘米

　　书桌选料黄花梨，形制古朴简约，挺拔秀丽。框架通体为圆材，面攒框镶板，束腰。光素牙板，龙纹挂牙，圆柱牙条包腿，上方置矮老及一屉，直腿，稳定牢固。

种。木材价格逐年上升，加上目前仿古家具基本上是根据所耗用的工、料的制作成本来定价，其应有的艺术价值则忽略不计。而明清家具经过岁月的磨练、风、氧、人气的融合，已产生一种更浓郁的古典韵味，滋润淳朴，质似玉感，倍觉可爱之至，让人爱不释手。

明清家具在国际市场上以其独特的魅力而独树一帜！古或仿古之明清家具，品价差异悬殊，增值潜力与否在于其神韵与气质。神韵是明清家具的造型、工艺、材质等方面的综合反映，是美学、力学、人体工学的深化表现，是艺术品的灵魂。

三、明清家具"三优"概念

形——优美的形态。线条流畅、整体比例均衡，具有独特之神韵，代表家具的"灵魂"。形是艺术造诣的基本，某些细节稍有丝毫之差，都会影响到作品的气度和神韵。

◎红木酸枝顶箱柜（一对） 清代

114厘米×52厘米×230厘米

此对顶箱柜由红木精制而成，柜为上下两部分，四门相对，上部为箱式。对开门攒框镶板，拉手镶以铜件，圆形锁空，面叶成海棠形，边框安铜合页及面叶。下部同上门板攒框镶板，柜里置双抽屉，有一暗仓，俗称"柜肚"。柜下安有刀字牙板，方腿直足。

艺——优秀的工艺。艺是仿古家具最为关键、难度最高的一环，除工艺精湛、榫卯结构、接驳依古外，其细部的雕刻深浅和艺术手法均应合乎传统风格。

材——优质的材料。仿古家具必须选用明清时期所用的几大名木，并根据当时的地域特色、家具造型、款式、类别选择合乎惯用的材种；否则只会影响神韵以及日后的收藏价值。此外，木纹之美感表现，则取决于开料用材的妙法。（名贵木材中，紫檀、黄花梨、花梨木、酸枝木、鸡翅木为极品，铁力木、榉木、榆木、楠木等为优选。）

四、明清家具的价值评估

明清家具的价值包括其艺术价值、历史价值（文物价值）和经济价值。艺术价值主要指一件明清家具所表现出的艺术个性、风格，所反映的民族性和地域性，其个性、风格越典型，艺术价值也就高。历史价值也叫文物价值，是某种类型的明清家具的历史地位和目前的作用，历史价值主要由其时代特征和留存到现今的数量来决定。经济价值是指明清家具的市场价值，由艺术价值、历史价值及供求关系来决定。

明清家具的市场价格通常由艺术性、工艺性、完整性、年代、材质和稀有性等决定。家具收藏作为一种投资行为，受经济杠杆的影响较大。由于喜爱明清家具的人越来越多，而明清家具的数量又十分有限，近几年随着我国明清家具的不断外流，其价格随之高涨。

有人根据家具木材的差异对不同材质的古旧家具价格进行了排队，按价格高低分为黑、黄、红、白四种，黑即紫檀木，黄即黄花梨，红即红木（南方人又称为酸枝木），白即其他材质的木材。也就是说，紫檀木家具在同时代、同品种的家具中卖价最高，其次为黄花梨木家具，再次为红木家具，最后则为其他材质的家具。前三种家具均为硬木家具，在中国传统社会里是富户大室才使用得起的家具。后一种家具大多为榉木、榆木、柏木、核桃木等其他材质制成，在普通百姓家里常能看到。这些年来，由于硬木家具逐年减少，因此一些做工精美的杂木家具的价格也随之上涨。如1998年在北京一次艺术品拍卖会上，一件明式榉木大翘头案（248厘米×49厘米×53厘米）卖到了1.98万元，另一件清代制作的榆木黑漆大罗汉床（254厘米×150厘米×87厘米）成交价为3.08万元。

第 八 章

清式家具的收藏

　　清式家具风格从开始萌芽到初步形成，大致是从清康熙早年到晚年的四五十年之间，它与满文化的影响有着不可分割的联系。它是以皇家为主导，在宫廷和民间的相互影响、相互交流、共同创作中发展起来的。清初家具沿袭明式家具的风格，但随着历史发展，满汉文化的融合，以及中西文化交流的影响，清康熙年间逐渐形成了注重形式，追求奇巧，崇尚华丽气派的清式家具风格，到乾隆时达到顶峰。

　　研究清式家具，可以发现，它在明式家具的基础上更趋向奇形巧制、繁纹重饰、豪华富丽，无论是结构的衔接，还是线角的转折，无论是雕刻镶嵌，还是描画绘饰，都不逊于明代，甚至有所发展。而且，清代家具在渲染气氛、烘托环境方面也颇为独到，它保持了明代家具的某些优秀传统，并且有着鲜明的风格特色。清式家具使用石材较多，广式家具的坐具用石材做面心的更多。石材主要有大理石、花斑石、紫石、青石、白石、绿石及黄石等。石材的选择上以自然形成的山川烟云图案为上品，力求体现山水画中水墨氤氲的艺术效果，令人赏心悦目。

一、清式家具的概述

1.清式家具的概念和由来

　　由明入清，继明式家具之后，中国传统家具史上又出现了新颖别致的清式家具。所谓"清式"，是指以清代雍正、乾隆以后制作的优质硬木家具为代表的一种艺术风格。它一改明式家具的简明、古朴、清雅、文秀的"书卷气息"，代之以绚丽、豪华、繁缛的"富贵气派"。

　　从对比中人们不难发现，明式家具注重于实用、舒适，线型优美，色泽协调沉静，圆润的体质，经过打磨揩漆以后，不仅温润明亮，而且手感特别柔和。清式家具则较多注重陈设功能，造型结构厚重，体形庞大，色彩强烈，富有变化，并常常采用各种精湛工艺，加强对形体的装饰，多种木材的镶嵌、精细繁华的雕刻，突出地表现了中国传统家具的工艺美。而正是这些娴熟的传统技艺，迎合了夸耀、显富的社会风气，特别到清代晚期，这一特色更一发而不可收，过度的堆砌和雕琢，使清式家具装饰更加繁琐。由于艺术水准下降，加上财力不济而粗制滥造，这一时期清式家具走向了物质功能需要的反面，使原先富

◎黄花梨炕几　清代
74厘米×49厘米×30厘米
　　此几为长方台，束腰，抛牙板，香蕉腿，牙板和腿浮雕夔龙纹和灵芝云、蝙蝠，寓意吉祥。

◎红木夔纹半桌　清代

112厘米×49厘米×87厘米

桌面长方形，束腰，四方夔纹腿，牙板高浮雕夔龙纹，造型庄重，纹饰典雅，保存完好。

◎红木双龙戏珠方桌　清代

98厘米×98厘米×83.5厘米

此方桌面攒框镶板，冰盘沿，高束腰，宽牙板镂雕双龙戏珠及拐子纹，富贵典雅，折腿起阳线，中部展云翅，鳄鱼足。

有创新精神的形式，最后成了华而不实徒有其表的摆设。

其实在明代，除明式家具以外，也有注重装饰、精雕细刻或镶嵌的优质硬木家具，如紫檀木有束腰带托泥宝座、紫檀木有束腰几形画桌、紫檀木浮雕官皮箱、黄花梨百宝嵌六足高面盆架等，这些家具大都为宫廷或贵族所用，虽然有人总是将它们归入"明式家具"的研究范围，其实这些浓丽雍华的家具，并不是明式家具的主流，也不体现明式家具的风格和特点，它们追求的意韵显然是个别的，是某些达官贵人的一种华贵表象。清代满族统治者在稳固政权以后，随着经济的蓬勃发展，对物质生活表现出了极大的关注和欲望，因此，同其他各类工艺美术产品，如漆器、织造、金属工艺等一样，清式家具在承袭明王朝宫廷艺术的基础上，对其加以变体和发展，以求满足满清权贵享乐生活的要求。在满族权贵的文化观念中，明式家具并不适应他们的审美标准和精神情趣，但对明代家具中注重华饰方面，清王朝却很快地加以吸收和提倡，通过清宫造办处与社会的联系，由上而下地铺展开来。同时，雍正、乾隆鼎盛时期，社会经济的高涨和外来文化的广泛交流，以广州为代表的沿海地区，在文化形态上出现了许多新质。由于对外贸易和市井商贾的需求，广州地区的家具生产迅速发展，并产生了不少新的品种和式样，其崇尚装饰华美的风气与清宫家具有异曲同工之妙，两者相互影响，促使清式家具发展到了一个新的高峰。

因此，根据明式家具概念和文化内涵的定位，清式家具中最具有代表性的是"广式家具"，或称"广作家具"。清宫中制作的家具，虽然材料、加工制造等方面都有着民间无

◎**红木四方矮桌　清代**

90厘米×90厘米×35厘米

　　矮桌，也称炕桌。古代宫廷中的正式筵宴，一直保留着席地而坐的惯例。清代称为宴桌，在清宫造办处档案中常常可以见到关于制作这类矮桌的记录，有多种尺寸，以适应不同的场合与环境。该矮桌造型稳重，纹饰典雅，当为满足贵族日常生活需要的用具。

◎**黄花梨独板龙纹翘头案　清早期**

83厘米×218厘米×46厘米

　　案面独板，小翘头，透雕牙板，案腿正面起两炷香阳线，下承托泥，挡板透雕相向的龙纹。

◎**红木嵌瘿木夔龙纹琴桌　清代**

41.5厘米×116.5厘米×83.5厘米

　　红木质，品相好，包浆明亮，长方形台面，案两头下弯内折，透雕龙纹，双拼式嵌瘿木腿，牙板也镂空，饰相向夔龙纹。

◎红木嵌瘿木面灵芝纹琴案　清代

122厘米×39厘米×83厘米

　　此琴案案面呈长方形，嵌瘿木面。两端圆卷，四条扁平束腰腿。牙板镂空，饰灵芝纹。该琴案造型典雅，所饰灵芝数量多，雕镂精致。

◎红木大漆描金琴桌　清代

124.5厘米×42.5厘米×83厘米

　　红木为材，长方形台面，三弯腿，下承托泥，通体罩漆，上描金填彩，一锦纹为地，海棠形开光，开光内有湖泊山峦，亭台楼阁，帆船曲桥。

法比拟的优越条件，但它们无法脱离宫廷的严谨和架势，注入了沉闷的"官家气"，尽管其中也不乏许多高级的"清式"杰作，但它们只能反映清式家具的一个侧面。

2.清式家具的特色和成就

　　在明代硬木家具的基础上，清式家具获得了进一步的发展和提高，这不仅表现在家具品种的增多和工艺技巧的精益求精，在艺术上，也取得了新的成绩，表现出许多不同的特点。

　　在大量的明清家具传世实物中，清式家具的造型变化最惹人注目，无论是腿足，还是牙条，尤其各种装饰部件，弯曲变化和强烈的变体常常使家具的形体呈现出种种差异，给人以新颖感。在清式扶手椅中，这种富有创意性的设计，使这一传统家具的品种变得更加琳琅满目，多姿多态。在传统基本形体的构造上，变化产生了诸如花背椅、屏背椅、什锦椅、大椅、独座等新款式，其中不乏被称为太师椅的高级扶手椅子，具有强烈时代感，陈设效果也格外显著。清式椅子大都取直背式，座身有束腰，束腰表现手法的样式之多也是前所未有的，腿足的变化更别出心裁，产生许多与众不同的形式，若将各有特色的清式扶手椅与各种明式扶手椅加以比较，往往给人耳目一新的感觉。尽管不少椅子并不像明式文椅那样使人心旷神怡，但也常常叫人觉得雍贵大度而感叹不已。

　　特别是清式家具中的圆形家具，以巧妙的结构方法表现出了独特的造型形象，如独挺式圆桌和绞藤膨牙式的圆台、圆凳，在清代家具中显得十分出色。有些虽然时代较晚，但

◎黄花梨花卉螭龙纹绿石面插屏　清早期

73厘米×55厘米×38厘米

　　文房插屏存世量少，而能保存原装屏心石板的则更为珍贵。

　　此插屏造型典雅，底座雕以抱鼓作墩，上竖立柱，顶端饰以莲纹，立柱两侧则以镂雕螭龙纹站牙抵夹。立柱间安以横枨两根，再以短柱分隔，嵌以透雕梅花、荷花、菊花三种花卉之绦环板。下端横枨接抿水牙子，上浮雕卷草纹。此插屏雕刻工艺精湛，螭龙威猛，花卉如生，惹人喜爱。

　　插屏攒框嵌绿石为屏心，纹路清晰，层次感强烈，好似崇山峻岭，峰峦叠嶂，又似滔滔江河，奔流不息。一物多景，景随心动，心随意变，可谓大自然之鬼斧神工。

◎红木九屉式写字台　清代

118厘米×64厘米×83厘米

　　红木制作，品相完好，由台面和两个底柜组成，独特之处在于台面呈倒凸形，共有九个抽屉。

◎紫檀缂丝插屏　清代

34厘米×59.5厘米

　　插屏是屏扇与屏座可装可卸的座屏、砚屏等的统称。此屏座与屏扇之框架皆由紫檀制成，屏扇中央开光嵌黄绢，绢上以刺绣、缂丝等工艺绘"鸳鸯戏水"图，只见青莲摇曳，浮水涟漪之间有两只鸳鸯逍遥戏水，情境动人。左下角有书斋款。

◎红木小炕几　清代

68.5厘米×46厘米×33厘米

　　几面长方形，四条圆柱腿，造型简洁明快，不事雕饰，具明式家具之遗韵。

◎红木双龙戏珠纹器座　清代

46.5厘米×31.5厘米×13厘米

　　座长方台面，束腰，抛牙板，浮雕双龙戏珠纹，香蕉腿，下承托泥，该器座不但材质高贵，且造型、纹饰一流，保存完好。

仍然能获得良好的艺术效果，更有一些平面呈现梅花形、海棠形、扇形、多边形的家具，同样在变中求异，异中求新，获得了人们的喜爱。清式家具造型在立面和平面上的众多变化，不能不说是对传统家具的创新和推进。另外为了满足华丽富贵的装饰和陈设心理，促使清式家具更加花样频出，着意讲究纹饰美，借助优质硬木坚韧、细致的特点和材料充足的优势，利用厚重宽大的形体，采用各种题材的花纹图案加以精雕细刻。清式家具图案题材之广泛也是前所未有的，一类是各种传统纹样的继承和发展，一类是各民族图案的进一步融合，还有许多对外来纹样的借鉴和模仿，更有各种美术门类之间的互相影响，所以，古、今、中、外各种形式和表现手法的混合，呈现出了五花八门的局面。由于紫檀、红木色泽较深，为了效果鲜明，常在雕工上下功夫，见棱见角，在起伏凹凸中突出纹样的明暗变化。有的采用局部精致的雕刻图案与光素的形体加强对比；有的则通体满雕，利用多种雕法相结合去表现所需的题材。清代家具色彩的装饰效果更强烈鲜明，注重运用不同材料和工艺，使装饰更显得异彩纷呈。除传统的嵌石、嵌螺钿以外，嵌瓷、嵌金属、嵌珐琅等常常能收到事半功倍的审美趣味。

为了满足居室陈设日益发展的需要，成堂整套的家具在清式家具中占有重要的地位，为了显示财富和气魄，在清代居室大厅中，竟有用"八景""十景"椅作排列陈设的。所谓"八景""十景"，是指这些椅子分别采用八种或十种不同造型或装饰式样组合配套，形成一种标新立异的氛围和环境。在一些新颖的家具中，有的品种颇为流行，如多宝槅、琴桌、花几等，也都起了良好的陈设作用，这些家具的装饰也都必然有所讲究。

由于清式家具强调装饰与陈设，好端端的材料，费工费时费材，也就往往由此而削弱了家具的实用功能。尤其清代中叶以后，夸张虚饰，繁琐累赘，华而不实的作风长盛不衰，致使清式家具的美感每况愈下；过多模仿外来形式而日趋西化，出现了许多低俗平庸的格调和拙劣粗陋产品。

清式家具的生产已不再像明式家具那样，仅在有限的地区和范围扩展。时代的变迁，居室生活的进步，加上采用红木为主要原料，清式家具在全国各个地区形成了不少重要的产地，加上受到各地历史、自然条件和民风习俗的影响，家具在总的时代风格中又出现了各自不同的地方特色，其中主要以苏州、广州、北京、宁波、上海等地区最有代表性。

苏州是明式家具的故乡，生产硬木家具的历史悠久。在长期的生产实践中积累了非常丰富的经验。入清以后，苏州硬木家具生产在优良传统的基础上，更加精益求精，产品的艺术风格大多仍能保持传统的品质。自乾隆时起，由于广作家具发展的风起云涌，"苏作"家具在造型和式样上也逐渐受到广式的影响，出现了与传统"苏式"风貌明显不同的"广式苏作"家具。所谓广式苏作，即是指参照广式家具的品种和式样，仍按苏州制作工

◎红木云石面排线纹圆台 清代
98厘米×80厘米

红木质，圆台面，嵌云石，六条三弯腿。下承托泥，呈花朵形。腿档起细密的凸棱，俗称排线纹。

艺生产的家具。另外，还有一种是仍按"苏式"传统的品种和式样，并继续沿袭传统做法，但在装饰手法和花纹图案上，不同程度地仿效广式、京式或带有明显外来文化倾向的各种家具。然而人们习惯上仍称"苏式家具"，其概念的内涵在这里仅仅是指清代家具中的"苏式""苏作"。

清代以来，以红木为主要材料，以广州为中心生产的家具称为"广作家具"。广州是清代西方文明主要输入地，在与往来频繁的外国商人的贸易和文化交流中，中国传统家具形式受到了极大的冲击，为了追求新异的造型和式样，常不惜用材。随着形体轮廓线形的夸张变化和装饰点缀的增加，家具个性特征越来越鲜明突出，这种锐意新制、富有创造性的家具，很快在广泛的流传中成为普遍的时尚。加上清廷的提倡和推波助澜，广作家具便在清式

◎红木拱璧纹八仙桌 清代
98厘米×98厘米×82厘米

红木为材，材质精良，四方台面，四条粗壮的三弯鳄鱼腿，厚重大气，束腰，抛牙板，牙板上镂雕拱璧纹。雕镂精工，品相完好，包浆润泽。

◎楠木龙寿纹写字台 清代
116厘米×71厘米×85厘米

台面呈长方形，设三抽，一扁二方，四方夔纹腿，四面花板用高浮雕技法装饰双龙戏寿纹，雕琢精良，纹饰精美，十分罕见。

家具中获得了独领风骚地位，广作家具始终是清式家具最主要的代表。

京式家具是清宫王室家具的一种泛化现象，由于清宫造办处的工匠主要来自苏州和广州，故工匠的不同使京作家具往往带有一定的倾向，唯独只有优越条件才使家具显得格外精丽、华贵、气派，表现出与众不同的面貌。

浙东宁波地区的硬木家具生产也素有历史，尤其是卓越的揩漆工艺和骨石镶嵌，随着清式家具的发展，表现出了自己的特色。在造型上更多的沿袭广作、苏作的品种和类型。

二、清式家具的种类

明代后期至清代早期随着海外贸易进一步扩大和国内手工业的繁荣，明式家具也得到空前发展，大量高质量家具不断涌现，同时又孕育着"清式家具"的产生。

清式家具发展状况，大致可分为三个阶段。从清初到康熙中期，家具大体保留明代家具的风格，其形制仍保持简练质朴的结构特征。但到了康熙中期以后至雍正、乾隆三代清代经济繁荣的盛世之时，社会奢靡之风使人们对家具风格爱好转向追求雍容华贵、繁缛雕琢的风尚，加上清宫内院的提倡，清代中叶以后，家具用材厚重，用料宽绰，体态凝重，体型宽大，装饰上求多求满，甚至采用多种材料并用、多种工艺结合的手法，炫耀其华丽富贵，充分发挥了雕、嵌、描绘等手段，精雕细作。此期家具制作技术到了炉火纯青的程

◎榉木带托泥灵芝纹翘头案　清早期
45.1厘米×205厘米×83.3厘米

度，并吸收了外来文化的长处，家具格调变肃穆为流畅，化简素为雍容，一改前代风格，与传统的明式家具中简朴、素雅的风格形成强烈对照，使家具制作进入到了一个新时期，此期家具在我国古代家具史上称为"清式家具"。清式家具另一个重要特征就是形成了地域性特点，制造地点主要是北京、苏州和广州，分别被称为"京作""苏作"和"广作"。家具制作在风格上形成不同的地方特色，也是清式家具进入新时期的标志之一。清代晚期自道光以后，中国传统古典家具开始逐渐走向衰落，同时也受到外来文化影响，造型向中西结合转变。不过在民间，仍以实用、经济的家具为主。

总之，清式家具在继承数千年传统家具制作工艺和装饰手法的基础上，有所发展、创新，家具制作技术更加纯熟，家具装饰更加繁缛，整个家具制作工艺进入到了一个新的历史时期。

清式家具品类几乎囊括前代所有家具品类，特别是乾隆时达到极盛，博采众长，品种繁多。清式橱一改明式抽屉下设闷仓，常以门代之，使用方便，而且做工考究，还出现一种柜门装镜子的柜子。清式屏风也以其高大华丽显示出特有的魅力，其中皇宫大型折屏更加显示出清代统治者的庄严肃穆气氛。清式家具出现了如折叠式书桌、炕书桌、炕橱等许多新的品类。在家具制作方面，运用各种材料，除木质之外，还有象牙、大理石、景泰蓝、雕漆、竹藤、丝绳等。在家具装饰方面，采用多种纹样装饰手法。装饰手法广泛，镶嵌、螺钿、雕漆、金漆、彩绘、珐琅、丝绣、玉雕、石刻、款彩等装饰工艺五彩缤纷，形式多样，如康熙初始黑漆五彩螺钿家具流行，后期云母染色，沉静华美，技艺高超，其表现手法到了奇巧精妙的程度，真是令世人赞绝。流传下来的精品如北京故宫太和殿内的贴真金罩漆雕龙宝座、贴真金罩漆雕龙屏风等，还有精耕细作的红木雕刻屏风座、紫檀雕镂宝座、紫檀多宝橱等，风格上繁缛堆砌，仿制西欧家具样式，与洛可可风格有相似之处。清代中后期出现了中西结合的作品。

1. 卧具

清式床榻结构基本上承明式，但用料粗壮，形体宏伟，雕饰繁缛，工艺复杂，技艺精湛。皇宫贵族喜用沉穆雍容的紫檀木料，不惜工时，在床体上四处雕龙画凤，特别是架子床顶上加装有雕饰的飘檐，雕成"松鹤百年""葫芦万代""蝙蝠流云""子孙满堂"等寓意富禄寿喜和吉祥的图案。有的其下有抽屉，就是腿足的纹饰变化也很多。罗汉床出现大面积雕饰，有三围屏、五围屏、七围屏不等，有的镶嵌玉石、大理石、螺钿或金漆彩画，围屏都经过精心雕饰，图案千姿百态。总之，清式床榻的特点是力求繁缛多致，追求庞大豪华，纹饰常以寓意吉祥的图案为主，并与明式床榻的简明风格形成鲜明的对比。

2.凳和墩

凳、墩总体造型大致延续明代风格形式，但有地域性区别。清代苏式凳子基本承接明代形式。广式外部装饰和形体变化较大。京式则矜持稳重，繁缛雕琢，并出现加铜饰件等装饰方法。形体大体可分方、圆两形，方形里有长方形和正方形，圆形里又分梅花形、海棠形等，还有开光和不开光的，两形有带托泥和不带托泥之分。同时加强了装饰力度，形式上变化多端，如罗锅枨加矮老、直枨加矮老做法、裹腿做法、劈料做法、十字枨做法等。腿部有直腿、曲腿、三弯腿。足部有内翻或外翻马蹄、虎头足、羊蹄足、回纹足等。面心有各式硬木、镶嵌彩石、影木、嵌大理石心等。南北方对凳的称呼有异，北方称凳为"机凳"，南方则称为"圆凳""方凳"。马机凳是一种专供上下马踩踏用的，也称"下马机子"。清代的折叠凳形式很多，也称"马闸子"，方形交机出现了支架与机腿相交处用铜环相连接的制作，很精美。

凳子套脚为家具铜饰件，是套在家具足端的一种铜饰件，铜足可保护凳足，既可防止腿足受潮腐朽，避免开裂，又具有特殊装饰作用，为清式凳足部的一种装饰方法。如紫檀木方凳，四足底部有铜套，铜足头高5.5厘米。铜足作筒状，有底，中塞圆木，凿方孔，凳足也凿方榫眼，用铜裁榫接合一体。此凳用紫檀制作，边抹攒框榫接，面心为独板落塘肚。四腿如四根圆形立柱支撑凳面，罗锅枨加矮老与凳面相接，每边为四个矮老，罗锅枨和矮老均为圆形，矮老上端以齐头碰和束腰榫接，下以格肩榫和罗锅枨相接。

凳子除了普通木材所制以外，还有用紫檀、花梨、红木、楠木等高级木材制造的。座面有木制、大理石心等。边框有镶玉、镶珐琅、包镶文竹等装饰。用材和制作讲究而不拘一格，丰富多彩。一般带托泥束腰方凳，有高束腰，下接透雕牙条，二弯腿，外翻足，足下有托泥，四角有小龟足。制作之精细是前代家具所无法比拟的，如清乾隆年紫檀木镶珐琅方凳，就是这时的精品。还有一种凳称为"骨牌凳"，是江南民间凳子中常见的一种款式，因其凳面长宽比例与"骨牌"类似而得名。

春凳。春凳是一种可供两人坐用、凳面较宽、无靠背的一种凳子，江南地区往往把二人凳称"春凳"，常在婚嫁时上置被褥，贴上喜花，作为抬进夫家的嫁妆家具。春凳可供婴儿睡觉及放衣物，故制作时常与床同高。明式家具中已有春凳。春凳的形制在清代宫中制作时有一定规矩，有黑光漆嵌螺钿春凳等精品；民间却无一定尺寸，为粗木制作，一般用本色或刷色罩油。

圆凳、墩。圆凳和墩常设在小面积房间里，而坐墩不仅在室内使用，也常在庭园室外设置。清式的圆凳、坐墩在继承明式做法的同时，在造型和装饰方面处处翻新，一般四面都有装饰，有黑漆描金彩绘、雕漆、填漆以及各种木制、瓷制、珐琅制等，精美异常。凳

◎红木禅凳　清代
59厘米×59厘米×48厘米

面有圆形，也有变形圆形。乾隆年间所制圆凳，又有海棠式、梅花式、桃式、扇面式等。如梅花凳是一种颇有特色的凳子，其凳面呈梅花形，故设有五脚，造型别致，做工考究。梅花凳式样较多，做法不一，其中以鼓腿膨牙设置托泥的最为复杂。再如海棠式五开光坐墩也是具有特色的坐具，形体瘦高者，是清式常用式样。圆形墩，腹部大，上下小，称为"鼓墩"，形体各异，形成坐具中很有趣的品种，一般在上下膨牙上也做两道弦纹和鼓钉，保留着蒙皮革，钉帽钉的形式，墩身四面开光，雕满云纹，雕工细腻，为清式精品。瓜墩是一种呈甜瓜形的坐墩，并常在墩体下设四个外翻马蹄小足，还装上铜饰，更显示出古色盎然。此外还有铺锦披绣的"绣墩"。

3. 椅子

　　清式椅子现存传世的实物非常丰富，从中可以看到，清式椅子在继承明式椅子的基础上有很大发展，区别较明显。用材较明代宽厚粗壮，装饰上由明式椅子的背板圆形浮雕或根本不装饰，而变为繁缛雕琢。椅面清式喜用硬板，明式常用软屉。清式官帽椅较明式官帽椅更注重用材，多用紫檀、红木制成，而苏式则用榉木制作。清初制作的梳背椅仍保存了明代的样式，至清代太师椅，式样并无定式。人们一般将体形较大、做工精致，设在厅堂上用的扶手椅、屏背椅等都称做太师椅，清代的扶手椅常与几成套使用对称式陈列。清式交椅演化出一种靠背后仰的躺椅，也称"折椅"，可随意平放、竖立或折叠，可坐可卧。总之，清式座椅制作比以前更加精美，繁雕更豪华，成为清式家具的典型代表。

一统碑椅。清式靠背椅在明式靠背椅的基础上有很大的发展，制作精细，最有特色的是一统碑式靠背椅，因此椅比灯挂椅的后背宽而直，但搭脑两端不出头，像一座碑碣，故而得名"一统碑"椅，南方民间也称"单靠"。清式一统碑椅基本保持了明式式样，但在装饰方面逐渐繁琐。清式一统碑椅的背板一般用浅雕纹饰，在整体出现了繁褥雕刻和镶嵌装饰，这种椅变化最大的是广式做法，一般用红木制作。还有一种苏式做法，即所谓"一统碑木梳靠背椅"，用红木或榉木制作。宫廷中的也有黑漆描金彩画等装饰。

形体像一统碑椅只是靠背搭脑出挑的清式灯挂椅常省去前面踏脚枨、两侧枨下牙条和角牙，喜用红木、榉木、铁力木等木纹清晰和木质坚硬的材料做成，一般不上色，即所谓"清水货"。

圈椅。清式圈椅雕饰程度大大增加，细腻有序。足部纹饰最喜欢用回纹装饰，椅背常用回纹浅雕，也有镂雕纹饰或蝙蝠倒挂形纹饰。回纹是清式家具中最有代表性的装饰纹

◎红木雕云龙靠背椅（一对）　清中期
90.5厘米×53.8厘米×42厘米

◎**海南黄花梨皇宫椅、几（三件）　清代**

椅：60厘米×48厘米×99厘米

几：48厘米×46.5厘米×68.5厘米

　　该椅通体为海南黄花梨老料，木纹流畅生动，椅圈五接，衔接自然，线条流畅。靠背攒框做成，分三段装饰：上段开光镂空卷草纹，中段镶素板一块，落膛踩鼓做法，下段亮脚雕倒挂蝙蝠，靠背板与椅圈及椅盘相交处，透雕卷草纹角牙，座面攒框装板，落膛踩鼓，椅面下有束腰，鼓腿膨牙内翻马蹄，腿足落在带龟脚的托泥之上。茶几方圆有度，几面格角攒边，四框内缘踩边打眼镶面板。

◎**紫檀龙纹嵌黄铜交椅（一对）　清代**

62厘米×40厘米×106厘米

　　交椅为紫檀木质，靠背板略曲，分三段镶板，上部透雕螭纹，中部透雕麒麟纹，下部做出云头亮脚，靠背板两侧有托角牙。后腿与扶手支架的转折处镶雕花牙子，并辅以铜质构件，座面绳编软屉，座面前沿做出壶门曲边并浮雕草龙，前后腿交接处用黄铜轴钉固定，足下带托泥，两前腿间装镶铜饰脚踏。

样，是一种方折角的回旋线条，即往复自中心向外环绕的构图，其表现形式有单个同一方向的旋转、两个向心形旋转、S形旋转等多种形式，很可能是仿商周青铜器纹饰。常用在椅子背板、扶手、腿足部分，桌案的牙条、牙头等部分也最喜欢用回纹，以至于人们将带有回纹装饰的家具作为清式家具的代名词，也就是说有回纹装饰的家具一般都为清式家具。清式圈椅和明式圈椅最大区别是基本不做束腰式，明式直腿多，清式有直腿也有三弯腿，常在直线腿部中间挖料，到回纹足上又挖去一小块，从而显得繁琐。

宝座。清式扶手椅比明式扶手椅有更大的发展，其中有一种外形硕大的扶手椅，俗称"宝座"。宝座是宫廷大殿上供皇帝、后妃和皇室使用的椅子。为使椅子更显金碧辉煌、气派非凡，常用硕大的材料制成。宝座常带有托泥和踏脚，技法上常使用透雕、浮雕相接合的方法，装饰常以蟠龙纹为主，辅以回纹、莲瓣纹饰，还施以云龙等繁复的雕刻纹样，再贴上真金箔，髹涂金漆，镶嵌真珠宝，座面铺黄色织锦软垫。整个座椅金碧辉煌、气派非凡、极度华贵，成为至高无上的皇权象征，常在大殿中和屏风配套使用。如北京故宫太和殿的"金漆雕龙宝座"和"紫檀雕莲花宝座"，显得金碧辉煌、气派非凡；如乾清宫的云龙圆背宝座，是皇帝举行最隆重的典礼时所用。

◎红木圈椅（一对） 清代

59厘米×44厘米×90厘米

该圈椅通体为红木制成。搭脑、扶手均为曲线形，靠背板为"S"形曲线，光素无纹。座面攒框镶板，壶门券口式牙板雕卷云纹，椅腿下横枨做成步步高升枨式，前枨下券口素牙板。

137

另外皇亲国戚、满汉达官显贵日常生活用的椅子也比一般民间生活用椅要宽大得多，称"大椅"，雕镂精美。而清代园林和大户人家厅堂上使用的扶手椅，江南俗称"独座"，是吸取大椅和宝座的特征，由太师椅演变而来的，一般靠背还嵌有云石，是江南地区别具一格的座椅。

清式屏背椅常见的有独屏式、三屏式、五屏式，而形体较大的又称"太师椅"。清式太师椅椅背基本是三屏式。而五屏式扶手椅，椅背有三扇，扶手左右各一扇，扇里外有的雕饰花纹，有的嵌装瓷板，花纹有云纹、拐子纹、山水花草纹等。这种扶手椅整体气势雄伟。

玫瑰椅。清式座椅中有许多是由花来命名的，有所谓梅花形椅、海棠形椅等等，基本上是由形而得名。玫瑰椅得名是否与形有关不得而知，但这种座椅非常精致，其美丽是有目共睹的。这种扶手椅的后背与扶手高低相差不多，比一般椅子的后背低，在居室中陈设较灵活，靠窗台陈设使用时不会高出窗沿而阻挡视线，椅型较小，造型别致，用材较轻巧，易搬动。常见的式样是在靠背和扶手内部装券口牙条，与牙条端口相连的横枨下又装短柱或卡子花。也有在靠背上作透雕，式样较多，不拘一格，是明式和清式家具常见的一种椅子式样。玫瑰椅在江南一带常称"文椅"，是明式家具中"苏作"的一种椅子款式，一般常供文人书房、画轩、小馆陈设和使用。式样考究，制作精工，造型单纯优美，有一种所谓"书卷之气"，故称为"文椅"。清式玫瑰椅用材都较贵重，多以红木、铁力木，也有用紫檀制作的。

4.桌、几、案

清式桌子、几、案制作更加精美，品类繁多，装饰手法千姿百态，基本分为有束腰和无束腰两类，造型有方形、长条形、圆形等。特别值得一提的是清式琴桌，下部为木架，上为空心屉可置琴，奏琴时会发出共鸣，透雕繁复，为清式家具典型式样之一。

方桌和条桌。清代桌子名称繁多。有膳桌、供桌、油桌、千拼桌、账桌、八仙桌、炕桌。清代桌子不但品种多，装饰美观，而且随着制作经验的丰富和工艺水平的提高，结构也更成熟，有无束腰攒牙子方桌、束腰攒牙子方桌、一腿三牙式罗锅枨方桌、垛边柿蒂纹麻将桌、绳纹连环套八仙桌、束腰回纹条桌、红漆四屉书桌等，做工十分考究。特别是清式方形桌中的八仙桌，品种多，装饰手法千姿百态，最常见的一种桌面镶嵌大理石，一般都束腰，且四面有透雕牙板。

圆桌。圆型桌一般面为圆形，但变化也很多，有束腰式，有五足、六足、八足者不等。桌面制作很讲究，有用厚木板、影木的；也有用各种石料的，包括用各种天然彩石镶嵌成面，颜色丰富。从形制看有无束腰五环圆桌、高束腰组合圆桌、束腰带托泥圆桌、镶大理石雕花大圆桌等。最有特点的为圆柱式独腿圆桌，此类桌一般桌面下正中制成独腿圆柱式，如北京故宫博物院珍藏的紫檀圆桌，通高84.5厘米、面径118.5厘米，桌面下正中制圆柱式独腿，上有六个花角牙支撑桌面，下为六个站牙抵住圆柱，并与下面踏脚相接，起支撑稳固作用。上、下节圆柱以圆孔和轴相套接，桌面可自由转动，造型优美，既稳重又灵巧。

◎**黄花梨有束腰三弯腿炕桌　清早期**
30厘米×94厘米×63厘米
　　炕桌攒心桌面，有束腰，壶门牙板带分心花。三弯马蹄腿，牙板与桌腿相交处锼出活泼的镂空灵芝纹，边缘起阳线。此炕桌造型轻盈，细部刻画生动，比例完美，榫卯严谨，皮壳莹润，是炕桌中的精品。

◎**海南黄花梨罗汉床（附黄花梨炕几）　清代**
床：202厘米×110厘米×82厘米
炕几：76厘米×37厘米×22厘米
　　此罗汉床为五屏风床围，四面打槽装板，不施雕工，完全以黄花梨天然纹理取胜。床面冰盘沿线脚，下接束腰，鼓腿膨牙，大挖内翻马蹄，腿足间以素直牙条相连。炕几造型可视作罗汉床具体而微者，唯不施床围而已。

　　清式还有一种圆面分为两半的桌子，称半圆桌。使用时可分可合。两个半圆桌合在一起时腿靠严实，是清式家具中常见的家具品种之一。

　　炕桌、炕几。清式家具中炕桌、炕几比较发达，都属矮形家具，如严格区分，则炕桌较宽，炕几较窄。这类家具可放在炕、大榻和床上使用。在北方，常于炕中间置放小桌吃饭或喝茶交谈，精致的还设有抽屉，称炕桌。故炕桌、炕几及炕案只是形体和结构上有所区别，如束腰内翻马蹄足炕桌、有束腰鼓腿膨牙炕桌、黄花梨外翻马蹄足炕桌。

　　几。清式几类繁多，有高有矮，有圆有方，形体各异。有香几、花几、盘几、茶几、天然几、套几等。天然几是厅堂迎面常用的一种陈设家具。苏州园林厅堂中，都是用天然几作陈设。最有特色的是从大到小套叠起来的一种长方或方形套几，有三几、四几不等，故又称"套三""套四"。套几可分可合，使用方便，便于陈设。

　　书画桌、案。清式案比明代案装饰更加繁褥，造型大的如翘头案、平头案、卷书案、画案，造型较小的有炕案、条案等。案发展至清代，形式基本上无大改变，但形体上变得较为高大，结构上也有了较固定的做法，并常施以精美的雕饰，如拐子纹大香案、夹头榫翘头条案。而大型卷书条案比明代案有变化，该案两头像卷书一般，非常形象，如花梨木双龙戏珠纹卷书案，案面下的牙板透雕龙纹戏珠，很有特点。

　　清式画桌的制作方法和画案相似，桌面宽大，人在其上书画时，挥毫自如。如前所述，习惯上人们将腿足装在四角的称"桌"，腿足缩进的称"案"，所以才会有画桌和画案之分。

◎红木大炕几　清代

91厘米×60厘米×35.5厘米

　　通体以红木为材，造型端庄。面攒框镶独板，冰盘沿，束腰内置条环板。牙板处饰拐子纹，直腿起阳线，内翻回纹足。包浆润泽，线条简约流畅。

◎**紫檀太师椅、几（三件） 清代**

椅：68厘米×49厘米×98厘米

几：49厘米×40厘米×71厘米

　　太师椅由紫檀木制成，卷书式搭脑，靠背板上部分两段嵌装雕连珠纹花板，下部做出亮脚，靠背板两侧及扶手均安设木雕绳纹玉璧立柱，座面下有开笔管式鱼门洞束腰，束腰下接垂云头牙子，方腿直足内翻马蹄，足间施四面帐子。

◎**榉木镶红木炕几 清代**

94厘米×46.5厘米×36.5厘米

　　此炕几为乾隆年间之物，长方书卷式。框架选用榉木料，板心及挡板为红木。几面打槽装板，方正规矩，边与四腿相连自然向下弯曲内卷呈书卷状，牙板镂雕成卷草纹。腿间装挡板，镂雕卷草纹及缠枝花卉纹，内翻足。

◎**红木方几 清代**

高45厘米

◎红木炕桌　清代
75厘米×49厘米×30厘米

◎红木书桌　清代
168厘米×70厘米×82厘米

5.支架类家具

继宋元之后，明清进入到了一个摆设艺术高度成熟化的阶段。特别是由于清代上层社会追求室内豪华的装饰和摆设，居室之中广泛运用落地罩、古玩书画、博古架、书架、衣架、盆架、鸟笼架、巾架等各种室内装饰和用具，不仅选料考究，做工精细，而且多与室内整体格局统一设计并融为一体，注重多件艺术品之间的和谐，追求富于变化的空间韵律艺术效果，以此体现主人轩昂尊显的贵族气派。所以使得这些支架类家具有更多的展露姿质的机会，并促使清式支架类家具的繁荣和发展。可以说支架类家具以及有关的陈设，乃至于整个建筑，都具体表现出当时人们的审美方式、人格思想、伦理情怀等民族文化精神。造型豪华奔放、雕琢细腻而形式夸张的支架类家具是这个时代文化特征的体现。

多宝槅。架槅是家具中立架空间被分隔成若干格层的一种家具，主要供存放物品用。中间设有背板和上有券口牙子的较为讲究。最为考究的是多宝架，这是一种类似书架式的木器，中设不同样式的许多层小格，格内陈设各种古玩、器皿，又称博古架。清代由于满汉达官显贵好佩戴饰物、贮藏珍宝，所以就制造了多宝槅这种架式贮藏家具。多宝槅兼

◎紫檀龙纹大镜匣　清早期

45厘米×45厘米×18厘米

　　该镜匣为紫檀料精制而成，整体呈镜箱式，又称文具梳匣。匣体四角包铜，正面带一长方形抽屉，可用于置放梳洗装扮用具。屉面设有铜拉手，底置四内翻马蹄。镜架以榫卯相连，架面设荷叶形镜托，以卡铜镜之用，支架可折叠，余处镂雕草叶龙，面板正中开光饰海棠花。

◎**紫檀透雕螭纹嵌大理石座屏　清代**

128厘米×64厘米×196.5厘米

　　此座屏紫檀木制成，造型为仿明式。特点是大框之中用透雕花纹条环板围成一圈，当中镶仔杠，仔框之中又镶大理石心，底座横梁之间镶两块透雕螭纹条环板，下部有浮雕螭纹披水牙。

◎**金丝楠木高瑞兽架（一对）　清代**

37厘米×37厘米×103.5厘米

　　此架以金丝楠木制作，架面格角攒框镶心，束腰下有雕拐子纹牙条，方腿直足内翻马蹄，四足间以罗锅枨相连。

有收藏、陈设的双重作用，与一般纯作贮藏的箱、盒略有不同。之所以称为"多宝橱"，是由于每一件珍宝，按其形制巨细都占有一"格"位置的缘故。多宝橱形式多样，各不相同。由于其制作精美，本身就是一件绝妙的工艺品，价值并不亚于所陈列的珍宝，如故宫博物院收藏的紫檀多宝橱就是一件精品。

　　有些依据书体规格制作的称之为书橱或书架。清式支架中有一种放书的橱架，如北京故宫博物院收藏的一个康熙年制五彩螺钿加金银片书橱架，高223厘米，长114厘米，宽57.5厘米，楠木胎，周身为黑退光漆，上面用五彩螺钿和金银片托嵌成花纹图案，上刻"大清康熙癸丑年制"款。书橱工精、图案优美，是一件难得的大气而又精美的工艺品。

　　面盆架。皇宫的面盆架一般都镶嵌百宝等什锦。这种技法在明代开始流行，到清初达到高峰。所谓"百宝嵌"就是用珊瑚、玛瑙、琥珀、玳瑁、螺钿、象牙、犀角、玉石等做成嵌件，镶成绚丽华美的画面，使整个家具显得琳琅满目。一般为四足、六足不等，后两足与巾架相连，有的中有花牌子，巾架搭脑两端出挑，多雕有云纹、凤首等，圆柱用两组"米"字形横枨结构分别连接，面盆就直接坐在上层"米"字形横枨上，是清式支架类家具中颇具特色的一种家具款式。

　　升降式烛灯架。灯台是当时室内照明用具之一，功能与现代的落地台灯相似，既可不依桌案，又可随意移动，还具有陈设作用。清式固定式和升降式灯台更加精美。

升降式灯台是清代室内的照明用具之一。当时室内照明用的蜡烛或油灯放置台，往往做成架子形式，底座采用座屏形式，灯杆下端有横木，构成丁字形，横木两端出榫，纳入底座主柱内侧的直槽中，横木和灯杆可以顺直槽上下滑动。灯杆从立柱顶部横杆中央的圆孔穿出，孔旁设木楔。当灯杆提到需用的高度时，按下木楔固定灯杆。杆头托平台，可承灯罩。升降式灯架南方俗称"满堂红"，因民间喜庆吉日都用其设置厅堂上照明而得名。

固定式灯台有十字形式三角形的木墩底座，中树立柱作灯杆，并用站牙把灯杆夹住，杆头上托平台，可承灯罩。

此外清式镜架也很有特点，有一种架作交叉状，可撑斜镜面，小巧精美。清式座屏式衣架也是一种有特色的支架类家具，一般座屏选材、设计、雕刻、工艺制作等方面都达到很高的艺术水平。

6.柜箱类

清式柜橱箱等属置物类家具也较明式有所不同。首先是用材厚重，总体尺寸较明式宽大；其次是装饰华丽，表现手法主要是镶嵌、雕刻及彩绘等，给人以稳重、精致、豪华、艳丽之感。

◎金丝楠木官皮箱　清代
54厘米×27.3厘米×26厘米
　　官皮箱，金丝楠木质地，箱顶四角安铜质如意云饰件，箱盖通过铜质如意云头拍子与箱身扣合，两侧立墙上安铜质拉手，并有铰链与箱盖相连，盖下两屉。

◎红木嵌玻璃大衣柜　清代

115.5厘米×52.5厘米×219.51厘米

由顶箱橱和大衣柜两部分叠装而成，底柜为两抽一橱，四方角，边线起凹棱，简洁明快，大衣柜双扇门，嵌玻璃，内放大衣，外可对镜整容。

◎紫檀框黄花梨夹心顶箱柜（一对）　清代

95厘米×48厘米×232厘米

大柜紫檀木制成，柜顶四面平式，顶柜柜门板心及两侧立墙上部嵌装紫檀双龙纹花板，下部装黄花梨素板，底柜门及两侧立墙被四根抹头界成五段，上中下分别装紫檀木雕双龙条环板，其间镶嵌黄花梨素板两块，此外大柜还安装有铜质合叶、面叶、吊牌。

◎楠木雕书箱　清代

121厘米×49.5厘米×49.5厘米

该箱满工，面用浮雕、镂雕等技法描绘两军交战之景，长矛战马，生动写实。面脸装镂空拍子，下有四高足。

三、清式家具鉴赏

1.清式家具流派鉴赏

总的来说，清式家具由于用材厚重宽绰、体态宽大，采用多种工艺结合的手法，充分发挥了雕、嵌、描绘等手段，并吸收了外来文化的长处，所以使家具显现出雍容华贵、富贵绚丽的风格。但这只是笼统而言，由于清式家具的一个重要特征就是形成了地域性特点，不同的制作地点有其各自的地方风格，所以家具流派才会分别被称为"京作""苏作"和"广作"。

"广作"主要是指以广州为中心地区生产出来的家具。广州是清代家具发展较有特色的地区，它地处南海之滨的珠江三角洲，经济繁荣，商业和手工业发达。由于它特有的地理位置，成为我国对外贸易和文化交流的一个重要门户。至清代中叶，商业机构的建筑大都已摹仿西洋形式，与建筑相适应的家具也逐渐形成时代所需要的新款式，大胆吸取西欧豪华高雅风格、用料粗大、体质厚重、雕刻繁缛的家具艺术风格流行。广作家具打磨后直接揩漆，即所谓广漆，其木质显露。

"苏作"家具是指以江苏省为中心的长江下游一带所生产的家具。苏作家具形成较早，是明式家具的主要发祥地。苏作家具大体继承明式家具的特点，在造型和纹饰方面朴素、大方，因此，人们把"苏作"往往看成是"明式"。但进入清代中叶以后，随着社会风气的变化，苏作家具多少也受富丽繁复、重摆设等家具风格的影响。苏作家具制作形体小，大多为安放陈设于桌案之上的小型家具，即小木作，技艺精湛，常用包镶手法。包镶手法就是用杂木为骨架，外面粘贴硬木薄板，一般将接缝做在棱角处，使家具木质纹理保持完整，这种包镶技艺已经达到炉火纯青的地步。由于硬质木料来之不易，用料精打细算，木方多为小块木雕成，并常在看面以外掺杂其他杂木，所以家具制作大都油饰漆里，起掩饰和防潮作用。苏作家具主要用生漆，在制作过程中对漆工要求相当高，所以说在用料上与广式家具风格截然不同。

"京作"家具一般以清代宫廷制造机构所制家具为代表。清代康、雍、乾三代盛世时，由于经济繁荣，清廷为了显示其正统地位，对皇室家具制作、用料、尺寸、雕刻、摆设等都要过问，在家具造型上竭力显示正统、威严，为迎合皇室爱好，刻意创新，无休止地追求精巧豪华。这种风尚使民间大受影响，达官显贵也争先效仿，炫奇斗富、糜费奢侈之风日盛，甚至有些名流学士也参与设计，四方能工巧匠汇集于京师，设计出前所未有的

"京作"家具。京作家具风格大体介于广作和苏作之间，用料较广作要小，较苏作要实。外在用料上与苏作有些相似，但不用包镶做法。而在家具装饰纹样上巧妙地利用皇宫收藏的商周青铜器以及汉代画像石、画像砖的装饰为素材，使之显露出一种古色富丽的艺术形象和沉穆雍富、庄重威严的皇室气派。故京作家具常常都是清式家具的主要代表。除此之外，其他地区的家具制作也各有特点。

总之，清式家具在继承历代传统家具制作工艺和装饰手法的基础上有所发展和创新，以造型浑厚稳定、装饰手法雍容华贵而著称，所形成的家具制作新风尚与清代康乾盛世的国势与民风相吻合，为世人所称赞。

近年来，随着我国改革开放的发展，世界各地收藏家、古玩商把渴望的眼光投向中国大陆，使得一向门庭冷落的明清家具身价百倍，海内外兴起收藏明清家具的热潮，至今竞争激烈。

由于传统明式家具不如清式家具多，而且主要收藏在极少数贵族名门府第之中，所以传世稀有罕见，因此明式家具价格特别昂贵。有一些不法商人为中饱私囊，努力迎合收藏者好奇心，穷其技能制作假家具，而且作伪主要集中在明式和部分清式家具上面。如仿明式家具就有"晚清仿""民国仿"等。这样给市场交易带来不良影响，给收藏者带来经济损失。所以说在鉴赏明式和清式家具的同时，如何学会辨别鉴定古代家具之真伪就成为关键。为了更好地鉴赏古代家具，特别是准确地鉴别明式和清式家具的真伪，必须广泛学习。

总之，家具辨伪和断代是我们学习和鉴赏明式和清式家具的一个重要环节。

2. 清式家具的雕饰纹饰鉴赏

清式家具的雕饰纹饰明显比明式家具复杂，决定其纹饰的因素很多，时代特点、地域差别、材质局限、市场需求，这些都是构成清式家具主流纹饰之要因。清式家具明显减弱了对结构的重视，而注意力转向了装饰家具细节之上。寻其根源，以下几点不可忽视。

首先，清代人口的骤增使得人均居住面积缩小，康雍乾三朝一百多年，中国人口由一亿增加到四亿，明代宽大纵深的房子遂成为过去。清代建筑讲究实际，房屋的面积缩小，迫使人与家具的距离拉近，明式家具那种注重结构美，注重线条流畅，注重大效果的实用审美逐渐远离国人，而清代的注重细节装饰，似乎越近越能体现情趣的装饰手法开始流行。

其次，清朝富庶大户增多，追求富丽堂皇的艺术风格，因此，清式上等家具必定造型庄严，使用雕饰更能烘托气势。

再次，家具上雕饰的增多，与玻璃的使用也不无关系。入清之后，玻璃窗、玻璃镜及玻璃器皿的使用逐渐增多，室内采光充足，亮度提高，有了可以欣赏细腻装饰的条件，室内家具上所雕刻的最为细微的纹饰都能得以展现。这时的能工巧匠，把展现自己手艺变成乐趣，装饰纹饰花样翻新，没有任何条条框框可以限制他们。此时，不仅家具的雕饰逐步增多，而且所崇尚的木料也逐步由浅颜色的黄花梨变为深颜色的红木和紫檀。

最后，工艺品的流行变化有自身的规律，往往是繁简交替，往复循环。自宋至明，中国的木器家具以素雅为主。到了清初，形成体系的明式家具已到达艺术顶峰，接下来，时代也需要出现风格与之不同的瑰丽多彩的家具。

清代的木雕工继承了前代成熟的技艺，又借鉴牙雕、竹雕、石雕、漆雕、玉雕等多种工艺手法，逐渐形成了刀法严谨、细腻入微的独特风格。

由于清代的木雕工善于摹仿，因而清代家具上可见到历代艺术品不同风格的雕饰，如仿元明时剔红漆器、仿明代的竹雕，有些上等家具从雕饰图案到刀法都与同期的牙雕相似。

清式家具就整体而言，清前期到清中期，雕饰颇具特色。尤其是上等家具的雕饰，属于创新的写实艺术，制作技艺达到了历史的顶峰。而清晚期家具的雕饰大都粗俗泛滥，败坏着清式家具的名声。

◎红木百宝嵌插屏　清代
62厘米×60厘米×21厘米

◎紫檀龙纹炕桌　清早期

长85厘米

◎榉木无束腰马蹄腿架子床　清早期

205.8厘米×117厘米×197厘米

关于雕饰，可以从图案和技法两个方面进行研讨。清式家具雕饰图案较成功的可以包括以下五类：

第一类是仿古图案，如仿古玉纹、古青铜器纹、古石雕纹以及由这些纹饰演变出的变体图案。这类纹饰较多用起浮雕的方法。

第二类是几何图案，多以简练的线条组合变化成为富有韵律感的各式图案。

以上这两类图案均以"古""雅"为特征，较为现代人所接受。饰有这两类图案的家具，其式样、结构、用料及做工手法多具典型苏州地区家具风格。由此可推测其多为苏州地区制品，或是出于内府造办处的苏州工匠之手。其中有不少雕饰从技法到图案不愧为传世佳作。

第三类是只有典型皇权象征的图案，如龙纹、凤纹等。清代的龙纹凡上乘之作多气势生动，但也有些雕饰得过于喧嚣。值得一提的是，以龙凤为主题演变出的夔龙、夔凤、草龙、螭龙、拐子龙等图案，是很成功的创新设计。

第四类是西洋纹饰和中国纹饰相结合的图案，尤其是清代宫中所用家具，雕有西洋图案的占相当比例。这些图案多为卷舒的草叶、蔷薇、大贝壳等，与当今陈列在海外各博物馆中的十八世纪至十九世纪欧洲贵族和皇家家具及同时期的西方建筑雕饰图案相类似。这些图案具有浪漫的田园色彩，十分富丽，但也有些造作气，显然能引起中国皇家、贵族的共鸣和喜爱。中西结合的图案，是清代的创新之举，有的作品纹饰结合巧妙自然，不露痕迹。

据清代造办处活计档载，家具中西相结合的雕饰图案是当时在宫中的中西方画家共同设计的，包括著名的意大利画家郎世宁。所见传世的带有西洋装饰图案的家具大多具有广式家具风格，如用料奢费、家具的最上部常有类似屏风的"屏帽"、结须弥座式，此外，整体家具不见透榫，后背不鬃漆里等等。

第五类是刻有书家的诗文作品。明代已有在家具上刻诗文的实例，入清之后大为盛行。多见的形式为阴刻填金、填漆及起地浮雕。也有镶嵌镂雕文字者，如紫檀屏心板上嵌以镂雕黄杨木字的挂屏。严格分类，应作为雕饰与镶嵌相结合之属。

家具上雕饰的图案不仅与家具的产地有对应关系，也可以在判定家具制作年代时作为参考。刻有年款的家具是极少数，但根据家具上的雕饰图案与其他有款识的清代工艺品，如瓷器等，进行比照，可以推断出家具的年代。此外，雕饰图案和雕饰工艺也是确定一件家具的产地、时代以及使用者的社会阶层的重要参考依据。

精美的图案要用精湛的雕刻手艺才能体现，因此，家具的雕刻技法必须认真研究。但家具雕饰之所以能出神入化，达到完美的程度，单凭雕刻还不能完成。完美的雕饰是雕刻

◎红木嵌瘿木面圆台　清代

93厘米×84厘米

圆台，用整块厚瘿木制作，十分难得，下承六条足，可启合，有托泥，呈冰裂形，有起线纹。

◎黄花梨束腰大方桌　清代

103.4厘米×103.4厘米×85厘米

此方桌精选优质海南黄花梨妙制而成，冰盘沿下束腰和牙板一体连做，直腿起阳线，内翻马蹄足，四腿间上部置罗锅枨装饰，牙板光素无纹，牙头镂空雕饰拐子纹，纹饰与器形融为一体，相映生辉。

◎红木龙纹大圆台　清代

90.5厘米×85厘米

红木为材，台面圆形，束腰，抛牙板，五条三弯龙纹腿，牙板上浮雕双龙戏珠纹。

◎红木云石面小方台　清代

73厘米×73厘米×81厘米

红木为材，台面四方，嵌云石，黑白分明，纹理变幻，束腰，抛牙板，四方马蹄腿，牙板下饰镂雕狗尾。

与打磨结合的成果。

旧时的磨工，用挫草（俗称"节节草"）凭双手将雕活打磨得线棱分明，光润如玉。尤其是起地浮雕，打磨后的底子平整利落不亚于机器加工，毫无生硬呆板之感。常人看来好像"磨洋工"的打磨算不得什么工艺，其实好的打磨，不仅是对雕饰修形、抛光，也是艺术再创造和升华的过程。

雕饰能否"出神""入化"，往往取决于磨工。旧时，有"三分雕七分磨"的说法，道出了雕与磨在工艺上的比例关系。清代的磨工技艺之精湛后世再未达到过。这固然有当时整体的工艺美术水准较高的时代因素，更重要的是对打磨工艺的重视。

当今，木器行中几乎没有"磨工"工种，打磨工序是由烫蜡上漆的油工顺手代替。然而，从档案查证可知，清代造办处家具制作中，是把磨工与木工、雕工看作同等重要的，对人员选择、施工方法、工时核算、材料耗费、成活验收都有相应标准。据档案记载，磨工分两类人，一类称"磨夫"，是作"水磨烫蜡"的粗活；另一类称"磨工"，是作雕活的精磨。对于打磨工序核准的工时也相当宽松，例如，打磨最简单的"两炷香线（就是两

◎红木嵌黄杨木供桌　清代
106厘米×39厘米×89厘米
　　以红木为材制作，桌面长方形。束腰，镂空，抛牙板，四条四方马蹄腿，边线起突棱。用黄杨木镂雕拐子龙纹为柱。品相完好，包浆润泽。

根并列的阳线），以长度计工时，每六尺长核准一个磨工，二米来长的两根直线就磨一天，可见工时配给之充裕。

有人认为，传世的雕饰之所以润泽、传神，是因年代久远、空气流动带动空气中的微粒对雕件自然"打磨"的结果。言外之意，就是精美的雕饰不是人工的产物，而是时间的产物。这种说法是没有道理的。因为传世的"有年头"的雕饰拙劣的不在少数。空气的自然风化，可使雕件产生"包浆"（也称"皮壳"），但绝不会对雕饰本身产生作用。

清朝家具是热闹的产物。人们在富庶祥和的时候需要人为地制造一些热闹，在平静中掀起波澜。热烈就成了乾隆时期的主题，而我们大部分清式家具，都以这一时期家具为楷模，展现富裕，展现奢华，形成家具中的乾隆风格，也称"乾隆工"。

这种乾隆做工明显是对纹饰而言。纹饰上从明式家具个性化逐渐向程式化过渡，做工上则不惜工本，让观者看见工匠非凡的技巧和可以想见的劳动。人们选购家具时开始庸俗，认定雕工越多越好，有效劳动越多就会越值钱。过去购置家具是家庭的大事，保值是基本要求，每个殷实的家族都希望家产能够延续下去，而家具则是显示家族财富的最好证物。家具的生产无法摆脱这样的大背景，与社会需求紧密相连。

◎紫檀蝙蝠托泥平头案　清代

150厘米×44厘米×82厘米

此件平头案系紫檀木制成，案面攒框装板，夹头榫结构，牙头镂雕蝙蝠纹，与牙条正中的蝙蝠纹彼此呼应，牙条上开光内雕博古纹，两腿间镶装拐子龙纹券口，两足下安托子。

清式家具的纹饰，可以划分为繁缛、点缀、光素三种。如果按明式家具的光素要求，清式家具中是找不到纯粹光素一类的。清式家具中最为光素的作品，也少不了线脚，比如起线或起鼓已做不到明式光素的纯粹。

清代工匠的基础训练就是把线脚作为必修课，阴线、阳线、皮条线、眼珠线、倭角线等等，清人认为明朝不起线的全素家具是一种落后，摒弃它理所当然。

清式家具中的点缀雕刻者很多，柿蒂纹靠背板雕花为典型实例。清式家具的纹饰点缀与明式家具的点缀有着微妙差异。如椅子的靠背板，清式常常纹饰满布，或整雕，或攒格分装，施以多种手法。又如桌案，清式家具牙板雕刻明显比明式家具要多，工匠都十分注意牙板上的纹饰，各类纹饰应有尽有。稍微留心一下，就可以看出明式家具中的壶门曲线装饰在清式家具中明显减少。清代工匠以线的丰富在代替过去常用的壶门装饰，原因是壶门曲线施工比各类装饰直线费工费料。清式家具上所雕刻的纹饰题材丰富，显示出一种设计思想的活跃。

最富于清式家具装饰特点的往往是雕工繁缛的作品，紫檀浮雕梅花纹条桌是其代表。清式家具的这类风格的形成主要是源于雍乾以来朝廷所提倡的奢华之风。

从雍正帝起，宫廷家具生产就已经由大内造办处出样，甚至皇帝本人也亲力亲为，用什么料，做什么样，哪儿多一些，哪儿少一些，降旨吩咐无微不至。

清式家具就是在这样一种氛围中，一步一步走向登峰造极，家具的奢华之风也迅速由宫廷传入民间，至乾隆一朝尤甚。但这并不是说清代家具无素雅可言，实际上，根据宫廷民间的各种需求，清代家具风格流派也随之风行，各种装饰风格家具均占有一席之地。

所以仔细研究纹饰，就成为清朝家具断代及辨伪的重要标志。

紫檀荷花纹宝座是一个众所周知的经典家具，现藏北京故宫博物院。所有的有关书籍都认定这件家具为明朝生产，绝无仅有。

如果细细分析，就会提出疑问，为什么如此奢华之风的家具会出现于明朝？再来看一下清代青花荷花纹贯耳大瓶，就会茅塞顿开，大瓶上所绘荷花与宝座上所刻荷花如出一辙，叶脉清晰的走向，阴阳向背的表现，荷花肥嫩的花瓣，以及满布器身的装饰风格，两件虽不同属，但神韵无二。

至此，我们没有理由固执地将荷花纹宝座的制作年代定为明朝，荷花纹贯耳大瓶底部清晰地写着：大清乾隆年制。以瓷器论，荷花纹自宋起则有绘于身，但宋元明清所绘荷花笔法不同，风格迥异。瓷器上的绘画，明以前一直比较幼稚，荷花的画法无论如何生动，也不过是平涂，阴阳向背表示不清，而自清代雍正一朝开始，瓷器上的绘画大大进了一步，原因是受康熙一朝宫廷西洋画家影响所致。

◎红木嵌瘿纹圆台配四凳（五件）　清代

台：81厘米×83厘米

凳：35厘米×48厘米

　　成套形制，由一台及四凳组成，红木制作，台面也嵌瘿木。束腰、直牙板、五条三弯圆形花瓣腿、五龙衔珠脚枨，凳的造型、装饰与圆台基本一致。

　　例如雍正粉彩花卉瓷器，工匠在督窑官的指导下，已悟出用颜色将花卉的浓淡表现出来，这一进步无疑会给相关艺术创作带来生机。家具的雕刻工艺，从这时起注重圆润，注意表现物体本身的质感和自然状态。

　　仅以荷花纹宝座而言，我们已经清楚地感受到荷花盛开或含苞欲放时鲜嫩的花朵和肥硕的枝叶。由此，再看一看乾隆青花荷花纹贯耳大瓶，就会明确地知晓不同属的艺术品所追求的艺术效果是多么地近似。

　　再来看一下黄花梨麒麟纹交椅（上海博物馆藏）。这只交椅也非常有名，多次收录在各类画册之中，被确定为明朝作品。此椅靠背板攒框为三节，中间纹饰为麒麟洞石祥云纹，麒麟为站姿，做回首状。以椅而言，断定制作年代很容易按常规论，但与瓷器纹饰比较就会发现问题。麒麟作为瑞兽，明朝瓷器上大量绘制，明中期时，麒麟一定为卧姿，即前后腿均跪卧在地；而明晚期至清早期，麒麟一定为坐姿，前腿不再跪而是伸直，但后腿仍与明中期相同；进入清康熙朝以后，麒麟前后腿都站立起来，虎视眈眈。

◎**红木龙寿纹四方台　清代**

93厘米×93厘米×86厘米

　　红木为材，品相完美，包浆沉着古雅，正方形台面，浅束腰，四方回纹腿，边线起突棱。镂空牙板，雕饰草龙与桃枝。

　　这一规律无一例外，如果文物鉴定标型学理论不发生动摇的话，这只交椅的制作时期当为清康熙朝，这比通常认定的年代迟了一百年。

　　黄花梨木凤纹大柜，门板满刻凤纹，姿态各异，大头细颈，尾羽飘逸。这类凤纹，康熙青花瓷器上比比皆是，而更早些的明代晚期，一定寻不到如此灵动的凤纹。再参考一下其工艺特点，此柜定为清康熙应该无大误。

　　核桃木团龙小柜为山西家具，团龙呈圆形，浮雕于柜门正中。这类小柜文人气很浓，应为文人设计，所以存世量不多。比较一下青花团龙瓷器，就很容易判定这件小柜的确切年代。

　　北方榆木小柜所雕团鹤纹，与瓷器常见团鹤纹类似，此类团鹤自雍正起渐成定式，故引之推定制作年代较为勉强，但上限可以限定，不会早于雍正一朝，而下限则要参考工艺上的其他特点，做出正确判断。

　　灵芝纹是瓷器常见纹饰，明朝所绘灵芝远不如清代生动，尤其康熙晚期至乾隆早期，

◎红木嵌瘿木面角形花几（一对）　清代

52.5厘米×35厘米×76厘米

　　由一双造型、规格相同的曲尺花几组合而成，可分置、可合成，非常实用，几面内凹，嵌瘿木，束腰，镂空，开长条形开光，抛牙板，三弯龙纹腿，脚踏透雕草龙纹。

◎瘿木随形笔筒　清代

26厘米×15厘米×19.5厘米

　　此笔筒随形制作，构思奇特，器身遍布大小树瘤，络络盘结，其上包口，下落于虬根之上，更显沧桑感。

◎紫檀镶竹螭龙纹臂搁　清代

25.3厘米×4.2厘米

　　此臂搁选紫檀料制成，中间竹工凸嵌朱红螭龙，手法细腻。

灵芝纹的表现比比皆是。

雍正一朝，十分流行灵芝纹装饰，家具也不例外，我们今天所能见到的饰有灵芝纹的家具，综合考虑，仍以雍正朝为最多。

我们再看一张核桃木独板三屏风式罗汉床，床围子的博古图案与清康熙青花常见博古纹如出一辙，从布局到内容，几乎是出自一个范本。从这里可以看出时代流行纹饰在各个领域渗透多么普遍。

博古图案在清朝流行过两次，一次是康熙时期，一次是同治时期，两次同为博古，前者提倡优雅清闲，后者推崇金石学问。同为博古，内涵有异，这种同异，成为后人研究的课题。感受多了，就会很容易地将前清博古与晚清博古分开，从中体会古人悠闲的心境和所包含的内在情绪。把握住一件古家具纹饰的内在情绪，确实需要更多更深更广地了解当时社会的政治、经济、文化等诸多方面，才能使认识和判断得以加强。

但是，有些清式家具的雕饰由于过分求实而流于刻板呆滞，结果是精致有余，气质不足。即使是民间工艺，受时尚影响，所雕作品也常常缺乏朴素活泼的自然情趣。因此，清代家具的雕饰既有成功的一面，也有不足的一面。以雕饰题材而言，除了前文介绍的之外，还有一部分制品常有具迷信色彩、宣传封建意识以及以大富大贵为题材的图案。借用谐音寓意某些愿望，本无可指责，不过用得过多过滥，徒增俗气。

清式家具自乾隆以后又出现了雕饰过滥过繁的弊病，所制家具几乎无一不雕。而且

◎红木绞藤花四方台　清代

99厘米×99厘米×83厘米

红木为材，品相完好，殊为难得，四方台面，束腰、抛牙板，三弯鳄鱼足，一根藤绞形花枨。

◎红木香几　清代

48厘米×33厘米×85.6厘米

几面攒框镶瘿木，冰盘沿，高束腰打洼。面下置一暗抽，面沿与牙板至腿足作单边线装饰，牙板光素无工，直腿内翻马蹄。整体不求工艺之美，突出木质纹理，给人一种文静、柔和的感觉。

不分造型，不论形式，不管部位地满雕。有的在一件家具上同时施加浮雕、透雕、圆雕、线雕等多种雕饰，纯是为了雕饰而雕饰，所雕图案又多为海水江牙、云龙蝙蝠、番莲牡丹、子孙万代，某种程度上成为使用者身份的标志与象征。

乾隆之后的清式家具，雕饰图案变得庸俗，雕饰技艺也每况愈下，正是这类雕饰对日后清式家具名声的败坏负有不可推卸的责任。

清晚期木器家具上的俗恶雕饰，与同时期俗恶的工艺品一样，是衰败社会的必然产物。此时期家具的雕饰已蜕变成了纯形式的"符号"。工匠的艺术创作变为谋生手段，因生计所迫，心思要放在如何省工减料、瞒天过海上，于是就出现了木器行中所谓的"偷手"现象和纯粹为追求商业利润而制作的"行活"家具。

四、清式家具的年代判断

懂得清式家具的年代判断，有助于辨伪，更是对收藏价值和投资价值进行判断的重要依据。关于清式家具的年代判定，有两种理论。

一是将清式家具分为清初、乾隆、嘉道、晚清四个时期。凡木质和做工接近明代

◎红木嵌瘿木面八仙桌　清代
97.5厘米×97.5厘米×84厘米
　　四方台面，嵌瘿木，束腰，抛牙板，马蹄腿，枨部雕饰龙纹，造型规范大方，为典型的八仙桌。

◎红木嵌云石椅（一对）　清代
53厘米×43厘米×94厘米
　　椅面长方形，书卷式靠背，背嵌瓶形、几何形、扇形、椭圆形等开光，内嵌云石，镂空牙板，四方内弯腿，中设隔档。

的，列为清初；凡制作新颖，质美工精的都称乾隆制品；凡制作近似乾隆，但工料不够精良的，则认为嘉庆、道光制品；同治大婚时所制一批以雕刻肿鼻子龙装饰为特点的桌、案、几、椅、凳、床、柜等，和光绪二十年至三十年市上流行的大批进入颐和园的造型更为拙劣的家具，是晚清制品。

　　还有一个判定标准，分别划为明清之际（大致在明崇祯至清顺治年间）、清早期（大致在康熙至雍正年间）、清中期（大致在乾隆年间）、清中晚期（大致在嘉庆、道光年间）、清晚期（道光以后）五个历史时期。分界是一个有纵深的画，而不是一条线。

　　依据家具的风格式样来判定年代的早

◎榆木四出头官帽椅　清早期
57厘米×45.5厘米×1221厘米

◎红木茶几（一对）　清代
49厘米×49厘米×78厘米

晚，并不能说是个最理想的方法，它不能像瓷器那样，判定准确到某一年号。

家具历史上有晚期制作早期式样的情况，尤其一些经典的明式家具，自明代至清晚、民国时期一直原样不动地制作。此外，历代都存在旧料改作，旧家具改式样等问题，使得有些家具的式样特征与用料、做工的时代特征相悖，给断代造成了困难。

当今有些名闻遐迩的明清家具，其准确制作年代仍困扰着学术界。不少人不仅喜欢把家具的年代定得偏早，而且在并无充分证据的情况下，将某些旧家具的年代标得精确到某一年号，这种超越认识水平、自欺欺人的做法并不可取，更不可信。此外，人们也逐渐意识到，以往普遍存在对明式家具的年代判定偏早，而对清式宫廷家具的年代判定偏晚的现象，值得引起注意。

五、清式家具的艺术价值

对清式家具艺术成就的评价，历来存有较大争议，归纳起来大致有三种不同观点。

第一种观点：否定。

这一观点认为在中国历史上，明式家具达到了艺术顶峰，其成功的关键在于造型艺术，它追求神态韵律，将各种自然物象加以提取精炼后，自然地融合于家具的造型设计，品味高、格调雅，具有文人气质。

相比之下，清式家具走的路与明式家具截然相反，由重神态变为重形式，力图以追求形式变化取胜，艺术格调比明式家具大为逊色。而且，若追根寻源便会发现，清式家具在追求形式变化上所采用的方法，包括构件的造型、雕饰的图案、装饰的手法等，这些早已在古青铜器、古玉器以及各种中国传统艺术品中使用过，不过是将其移植于家具之上，属于抄袭和模仿，本身并没有多少创新，有些还带有生搬硬套的弊病。由于仅靠形式变化很难真正保持"新""奇"，而在不断追求新奇之中，又只能靠进一步加强形式变化，如此循环往复，最终必然导致繁复与琐碎。因而清式家具的装饰手法始终未能超越自我，这是清式家具在艺术上的失败与遗憾。

这种观点认为，在并非成功的总体形势下，每个单件的清式家具也不可能有真正的成功之作。

第二种观点：肯定中有否定。

此种观点认为，在特定的历史和社会条件下产生的清式家具，有其本身的特色与成就，作为一种"写实"风格的实用装饰艺术，不乏值得研究与借鉴之处。就单件清式家具而论，有成功的，也有失败的，不能一概而论，可将其分为三类：第一类是成功之作，多为康熙至乾隆时期制品；第二类是装饰过于繁复的清式家具，大多出自乾隆时期；第三类是清晚期制作的格调低俗的拙劣家具。

第三种观点：重新研究和评价。

这种观点则认为，对不同形式的艺术风格，应站在不同的着眼点加以审度。清式家具与欧州一些国家十七世纪至十九世纪的宫廷家具同属"古典式"范畴，它体现了一种瑰丽、华贵的格调。作为两种表现形式根本不同的艺术，清式家具与明式家具不能够、也不应该相对比。对清式家具的研究与评价应摆脱已有模式即明清家具对比法的束缚，而把它当作一种独特的艺术形式重新加以研究，给以客观的、恰如其分的评价。

以上三种观点反映了不同的着眼角度和不同的审美情趣。第一种观点不能说没有过激之处，无论从总体上怎样评价清式家具，就其个体而言，还是可以通过相互对比，区分出上乘、一般和较差的不同层次。对某件清式家具的衡量，可以从造型、用料、结构、做工等方面综合考察。对造型的评价与欣赏，不妨根据清式家具的特点加以把握，即：华丽而不滥，富贵而不俗，端庄而不呆，厚重而不蠢，清新而不离奇。

◎红木禅凳（一对）　清代
56厘米×46厘米

◎紫檀官皮箱　清代

32厘米×24厘米×33厘米

此箱以紫檀为料，色泽幽黑肃穆，包浆莹亮。箱体正门两扇，箱盖有云形拍子与箱体扣合，箱盖掀开为一个平屉，两扇小门后为六具抽屉。两门饰以面叶及鱼形吊牌，外设铜包角，两侧带提手。

◎紫檀嵌绿端石双劈料条桌　清代

128.5厘米×38厘米×81.5厘米

条桌选上等紫檀料精制而成，包浆温润自然，面部攒框镶绿端石。冰盘沿，素牙板，罗锅枨式牙条。

第 九 章

明清家具的投资

　　我国明清家具收藏拍卖热从2002年前后初露端倪。当时，作为红木家具传统产地的北京、广州等城市首先出现红木家具投资潮，其后热潮很快扩散至全国，并影响到国际收藏市场。为何古典家具行情会暴涨？这是因为随着对中国传统家具文化的认识回归以及家居条件和生活质量的提升，人们对质优、工良且价格相对亲民的古典家具收藏的需求增加。

　　明清家具为什么具有收藏投资价值呢？首先就是其具有一定的历史文化价值。明清家具制作工艺，反映了我国博大精深的民族文化。透过中国家具的进化史，也可体味到近千年来变革的沧桑。在国外，中国古代的家具艺术也日益受到重视，明、清家具已成为国外收藏市场的热门货。美国的文艺复兴镇还成立了世界上第一家中国古典家具博物馆，同时，也成立了研究学会，编印出版纯学术性的季刊。这说明了中国古代的家具艺术，作为世界文化遗产的重要组成部分，正在被重新认识。有专家认为，这是中国古典家具艺术复兴的前奏曲。

一、明清家具的投资分析

明清家具收藏热是近二十年的事。如果从投资角度讲，明清家具的升值潜力并不相同，最具升值潜力的家具只有两类：一类是明代和清早期在文人指点下制作的明式家具，木质一般都是黄花梨；另一类是清朝康、雍、乾三代由皇帝亲自监督、宫廷艺术家指导、挑选全国最好的工匠在紫禁城里制作的清代宫廷家具，木质一般是紫檀。在海外拍卖市场，一件这样的家具拍卖额动辄就在六七百万人民币上下，而在二十年前可能只卖几百元。

这两类家具存世估计总共不超过一万件。如果从投资角度看，虽然当今价格已很高，这两类家具仍是最具有升值空间的，而且几乎没有投资风险，但条件必须是珍品而且保存状态良好。当今收藏家面对的最大问题是造假太多，极易上当。那些对明清家具不很了解，但又有意愿做这方面投资的人，不妨选择去一些有信誉的拍卖行，这样会保证投资的安全。

对于那些没有太多钱，但又对明清家具感兴趣的人，也有其他投资渠道，不妨选择明清的民间家具收藏，不仅价格便宜，而且很少有伪品。原因很简单，这些家具的价格并不比现代家具贵多少，不过其升值空间相对要小得多，保存十年增值幅度大约在几千元内。这类家具大都是榆木、核桃木、楸木等软木木材，其中江南产的艺术价值较高，山西产的大多仿北京宫廷式样，广东的则受西洋风格影响，这无疑为具有艺术鉴赏力的收藏者留下了一个选择的空间。

二、明清家具的收藏与投资

中国明清家具，同中国古代其他艺术品一样，其历史文化艺术底蕴以及典雅的实用功能，令人回味不尽。

从宋代始，中国人已从席地而坐变为垂足而坐。但由于宋人在园林和室内陈设上讲求与自然的亲和，因此宋代在房间的陈设和家具的革新方面没有大的进展，直至明代才开始在富庶的江南普遍发展起来。明代江南的富商、地主、官宦，喜欢以资助艺术创作、收购艺术品、甚至宴请供养等方式结交艺术家。为此，他们改善自我形象，不惜花费重金来营造带有书卷气的典雅环境。同时，文人也将自己的文才巧思奉献出来，使得明代家具以其空灵优雅的造型、古朴精致的纹饰，成为中国古典家具史上的经典作品。

　　清中期以后，中国各类传统艺术品，无论制作的工艺，还是设计的构思，都像这个王朝一样，渐入末途。清末的动乱使工匠最终失去了创造艺术的那份安逸的心境。另一方面，传统家具始终不曾被古玩商列为主要经营项目，而仅作为陈设之用。清末民初，新贵

◎红木两门柜　清代

88厘米×43厘米×153厘米

　　以红木为材制作，材质上乘，保存完好，包浆沉着。柜长方形，双扇门，四条方形长腿，不事雕饰，打磨精良，木纹秀美。

和年轻商人追求时髦，开始选用西洋家具。这一风气甚至影响到末代皇帝溥仪、曲阜孔庙的主人衍圣公。

至民国，明清家具开始受到一些西方人和中国建筑学家的重视。年轻学者艾克与梁思成等人于20世纪30年代创立了"营造学社"。在研究中国古代建筑艺术时，陈设于园林的明代家具吸引了艾克，他开始收集和研究明代家具。在杨耀先生的协助下，艾克出版了第

◎黄花梨嵌绿纹石插屏　清中期

73厘米×53厘米×35厘米

插屏在清代十分盛行，置于案头可遮挡外来干扰并且为灯具挡风，尺寸矮小者为"灯屏"，稍高大者为"桌屏"。插屏素起线框子嵌绿纹石，立柱由透雕拐子站牙夹抵，上下设横枨，中间装透雕螭龙纹条环板，下装铲地浮雕宝珠纹披水牙板，高亮脚座墩雕阴线回纹。此件插屏采用了大量清式家具的装饰手法，由于绿纹石面积较大，并未使人感到装饰烦琐。

一部介绍中国古典家具的著作《明代黄花梨家具图考》。此书虽没有引起中国人的兴趣，但在西方影响不小，西方人开始大量地收购、搜集中国明清家具，运往海外。

西方人在后来的几十年间，将中国的明清家具提升到了与中国其他文物等同的地位。而中国本土的古典家具的价格，却已跌落到了历史最低点。到了20世纪70年代末，古董家具收藏最丰的北京硬木家具厂，因为开支困难，向全国的艺术团体和国家机关推销该厂三十年来的收藏珍品，然而问津者寥寥。不久，王世襄先生的《明式家具珍赏》一书出版，在港台地区发行了数千册，导致港台收藏家涌入大陆搜觅明清家具。当时内地根本没有古典家具市场，内地的古玩商们也不清楚古典家具在国际上的价格。港台收藏家开出的价码，极大地激发了内地家具商的热情。他们深入到江浙晋冀陕等省的城乡，到每一间旧宅老户内搜寻，以极低的价格搬走黄花梨、红木、乌木、鸡翅木等明清家具。当古玩商像篦头发似地从南向北篦了一遍后，明清家具的价格暴涨了近十倍。天津古董市场上一对红木太师椅的行市，半年间从几十元人民币升为几百、上千元。

在古董外流的高潮中，内地的收藏家也开始了明清家具的收藏。首先吸引人们的是迅速上升的价格，其上升的速度，接近和超过了书画和明清官窑瓷器。收藏古典家具除了保值，还能使人感受一下古代文人"笑倚东窗白玉床"的情致。但是有限的购买力，并没有改变家具的主要销售方向。最精美的古典家具源源不断地运往海外。到了20世纪90年代中期，明清家具的交易才成为古玩买卖中的重头戏。

20世纪50年代，王世襄等文物专家参与制定了关于紫檀、黄花梨等明式家具不得出口的法律规定。1985年家具外流高潮时，王先生再一次向文物部门呼吁，而家具商贩完全无视此规定。一件紫檀条桌在海外拍卖价高达32.5万美元，相当于270万人民币。海内外价格间的差距，已无法阻止中国古典家具的外流。一些对古典家具有研究的年轻专家和商家，凭借眼力和勤快，向海外收藏家提供专业的指导和上乘的货色。二十世纪八十年代末香港收藏家徐展堂在其私人博物馆开辟了"紫檀家具展室"，另一位香港收藏家叶承耀在四五年里从内地和海外市场收进了八十余件明式黄花梨家具。

1985年后，市场偏好苏作、广作、京作的明式家具，至80年代末由于市场硬木家具货源减少，江苏、安徽、浙江、山西以及福建泉州、厦门的明式柴木家具，成为向外倾销的主要对象。至20世纪90年代初这类极具中国民俗风味的民间家具开始走入纽约、伦敦、香港等地的拍卖行，数量约占每场拍卖古董家具的30%以上。

台湾古典家具商近年颇具气势地从内地大量购买明清家具。每周都有十几件运往台湾各地。一些台湾商人在大陆设厂收货修复，拉回台湾后举办专业讲座，煽情促销。台湾人开始讲求陈设古董家具，显露出中国人对自己民族艺术的理解。台湾百姓的这种需求，使台湾的家具行急速发展，导致了进货过度，质量也是平平者居多。

近年海外家具市场的价格低迷，直接影响了国内的家具行情，拍卖会上多数家具低价拍出。嘉德举办的"清水山房藏明清家具"的专场拍卖，原总估价超过1000万元，实际成交额仅400万元。而拍卖的家具都是中国明清两代家具中的经典之作，无论年代、造型、材质均属上乘。从中可以看出国人对于古典家具的兴趣，但吸纳力仍较西方人有很大距离。于是，一些专家指出，在各种传统收藏品中，如书画、陶瓷、文玩等价格高居不下的情况下，古董家具仍与国际市场的价格存在着巨大的差额，未来有很大的升值空间，应是颇具潜力的投资项目。

三、投资明清家具的原因

近些年来，明清家具成为古董收藏的新潮流，在拍卖市场上频频以高价成交，这一趋势已经引起收藏界的极大关注。其中黄花梨木因具备简洁清雅、木质坚硬、纹色漂亮及香味等优点尤受欢迎。时至今日，一件明式家具动辄一二百万元，一些珍品在十年间更升值五至十倍。

1.拍卖场上的"新宠"

明清家具一直是收藏领域中的一个大门类。近年来，其价格在国内外市场持续走高。20世纪80年代，一把黄花梨圈椅千元可得，但现在没有几十万根本别想搬回家；那时红木八仙桌没人要，四五年前就涨到了4000元，而今却可以卖到1万元。1996年纽约佳士得拍卖公司中国古典家具的拍卖就获得了巨大成功，其中一件清代早期黄花梨大座屏以100万美元成交。在天津文物公司2000年举行的秋季拍卖会上，清代红木嵌螺钿大理石太师椅、茶几、罗汉床都拍至近万元。1998年，在纽约举行的亚洲艺术品拍卖会上，一架明代黄花梨屏风以约百万美元成交。2001年，天津拍卖会上，一对清代紫檀顶箱柜以398万元成交。2002年，北京嘉德拍卖公司举行拍卖会，一对黄花梨顶箱柜以980万元刷新中国家具成交纪录。2003年9月，纽约佳士得特别举行了一场大型明式家具拍卖会，推出68件由全球拥有最多明式家具的收藏家叶承耀所珍藏的明式家具，并成功卖出40件，拍卖成交总额达2262万港元。其中，成交最高的三件家具包括明黄花梨三屏风独板龙纹围子罗汉床、明黄花梨灵芝纹衣架和明黄花梨两卷角牙琴桌，成交价分别是273.3万港元、230.5万港元及196.2万港元。现在，要购买一件明代家具已并非易事，花上20万元也许只能买上一件明代的长条凳

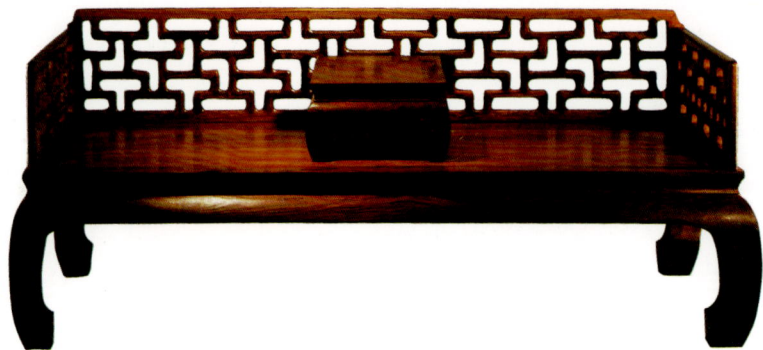

◎海南黄花梨罗汉床（附炕几）　清代

床：202厘米×110厘米×83厘米

炕几：73.5厘米×38厘米×22厘米

　　罗汉床为黄花梨制成，三屏风攒接棂格床围，其余各处不施雕工，纯以黄花梨天然纹理取胜，床面冰盘沿线脚，下接束腰，鼓腿膨牙，大挖内翻马蹄，腿足间以素直牙条相连。

◎紫檀雕龙纹架子床　清代

241厘米×169厘米×261厘米

　　此架子床以紫檀木制成，面下有束腰，鼓腿膨牙，大挖马蹄。以深雕手法刻云龙纹，牙条下沿垂洼膛肚。面上三面围栏。装透雕两面作龙纹条环板，四角及前沿立柱，以圆雕手法饰云纹及龙纹。立柱上装挂牙、眉板等，均以透雕手法饰云龙纹。

背椅或一对碗橱，若要收藏一副明代对椅的话，最起码也要出50万元以上。

2.升值潜力无限

目前，因全国各地的古代风景名胜与博物馆的重建、扩建之需，明清家具的收集对他们来说至关重要，而民间居家装饰对明清家具的需求也越来越大，从而使明清家具的价格正以每年20%的速度上涨。

随着经济文化的高速发展，中国古典风格的家具以其独特的自然风骨和深厚的文化内涵，受到越来越多的收藏者的追捧，市场行情日益看好。而在古典家具中，明清风格的家具可谓一枝独秀，风骚独领。明清家具有"三优"：一是优美的形态；二是优秀的工艺；三是优质的材料。

由于越来越多的人开始认识到古典家具的价值，而古典家具的数量又十分有限，据专家估计，明式黄花梨和清紫檀家具数量仅一万件，再加之近几年这些家具不断外流，卖一件少一件，藏家一般又不愿出手，因此，古典家具价格自然越来越高。

3.艺术价值独特

明清硬木家具是我国优秀的工艺美术品之一，表现为色泽凝重富丽，造型古朴典雅，木质坚硬精良，传世时间长。它既是人们日常生活中的实用品，又具有很高的收藏和观赏价值。

中国的家具大约起源于宋代，到了南宋，椅子等家具才逐渐流行起来，工艺水平也日益精湛成熟。明代是我国传统硬木

◎黄杨木随形笔筒　清代
直径13厘米

笔筒选用黄杨木，材壁宽厚，古貌苍道。随形而雕，筒口略外翻，整器取树瘤干状样态，形态苍劲，此等制法正是契合了文人思想。

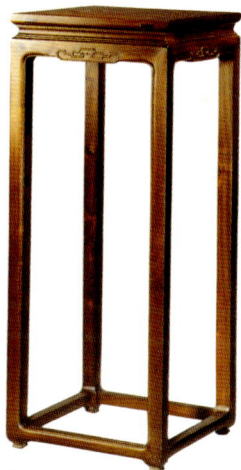

◎金丝楠木明式花架　清代
38厘米×38厘米×100厘米

花架由金丝楠木制成，架面格角攒框镶板，面下束腰打洼，下接雕拐子纹牙条，方腿直足，足端与托泥连为一体，托泥下有龟脚。此器金丝楠木光芒内敛，腿足内侧延边起线，与牙条上的纹饰浑然一体，除此之外并无多余雕饰。

家具的黄金时代，出现了大量精美、实用的各式家具。至清代乾隆年间，家具材料虽然仍优良，但雕饰过于繁琐，风格也有所改变。

明清硬木家具之所以珍贵，最重要的原因是选用热带和亚热带丛林中的那种坚硬紧密、纹理华美、色泽幽雅的贵重大料制作而成。木材主要有黄花梨木、紫檀木、花梨木、乌木、樱木、鸡翅木、酸枝木等，现在人们称之为"老红木"的，其学名就叫酸枝木，以前红酸枝木较多，目前较多见的是印尼、缅甸、泰国、越南等国的酸枝木。

设计巧，存世数量少。我国传统硬木家具设计精巧，十分重视家具的造型结构与厅堂布局相配套，且家具本身的整体配置也主次分明，非常和谐，使用者坐在上面感到舒适，躺在上面感到安逸，陈列在厅堂里能产生装饰环境、填补空间的巧妙作用。一些优质硬木

◎紫檀满雕西番莲花圆墩（一对）　清代

30厘米×30厘米×51厘米

　　圆墩为紫檀木质地，墩面与底面的侧边均饰有一圈鼓钉纹，下接弦纹两道，在两道弦纹之间又饰以拐子龙纹图案。墩壁的开光内满雕西番莲纹，开光的如意头内及开光之间的空隙均饰有蝠纹，墩底部有四脚。

家具所用材料，如紫檀、黄花梨等的存世数量已很少。我们现在见到的紫檀、黄花梨家具基本上均为明朝时制作，木材目前几乎已绝迹。如今一套紫檀家具动辄上百万元乃至售价更高已不是什么天方夜谭了。

款式新颖，制作工艺水平高。明清家具在设计风格上提倡素雅端庄、线条流畅，在制作水准上讲究精工细作、完美无瑕。它不用一颗铁钉，也不用一滴黏合剂，工艺要求非常高，慢工方能出细活。如广式家具，富丽、豪华、精致，一件家具就是一个精美的工艺品。工匠们在用材上十分强调木材的一致性，一般一件家具都是一样木料制成，如用紫檀则为清一色紫檀，如用酸枝木则清一色酸枝木，且能很好地利用木材的色泽美和天然花纹，在卯榫驳接、纹样雕刻和刮磨修饰上都达到了极高的水准。

◎红木雕龙嵌大理石圆桌　清代
79厘米×83厘米

◎红木膨牙三弯腿香几　清代
65厘米×78厘米

◎红木雕灵芝大方桌　清代
99厘米×99厘米×83.5厘米

第 十 章

家具的保养技巧

　　明清时期流传下来的古家具很多散落于民间，而民间很多古家具收藏爱好者对于古典家具知识了解的并不多，但是很多人对古家具情有独钟，所以保养家具成为人们关注的焦点。古家具的保养应主要掌握几个方面：勿用湿布擦家具，最好用质地细软的毛刷将灰尘轻轻拂去，再用棉麻布料的干布缓缓擦拭。若家具沾上了污渍，可以沾取少量水溶性或油性清洁剂擦拭，千万不要用汽油、苯、丙酮等有机溶剂清洁家具表面。

　　家具应放置在阴凉通风的地方，过度的阳光照射会损害其材质，造成木材龟裂或酥脆易折。搬运古家具的时候，一定要将其抬离地面，轻抬轻放，绝对不能在地面上拖拉，以免造成不必要的伤害，如脱漆、刮伤、磨损等等。古家具要经常上蜡保养，上蜡时要在完全清除灰尘以后进行，不然会形成蜡斑，或造成磨损，产生刮痕。上蜡时应采取由点到面的原则，循序渐进，均匀上蜡。要注意防火、防光。不要把家具放到阳光能直接晒着的地方，避免过强的红外线使家具表面温度升高，湿度下降而造成翘曲和脆裂。阳光中的紫外线对家具的危害更大，外层的漆膜受到紫外线破坏后，会褪色，使表层脱落等。

一、家具的管理

家具与人们的日常生活息息相关，是一种大众化的实用器物，由于体积庞大，在使用中易朽、易毁，因此不如书画、瓷器、玉器、金石等古玩，深受历代文人雅士的珍爱和刻意保护。为此，今人所见家具，元代以前的实物甚为罕见，传世品中多数为明清家具。目前，专事收藏古代家具的博物馆国内鲜见，大量珍贵的明清家具，仍未能受到应有的重视和保护。由于保管不善，在人为破坏和自然毁损下，其数量正在急剧下降。为了抢救祖国的历史文化遗产，向人们传播家具的保管常识，实属当务之急。

家具的保管，可以分为管理和保护两个方面。

我国现存的家具，大部分流散于民间私家，但也有数量可观的精品集中在园林、旅游、宗教和一些非专门收藏家具的文物机构内，被用作室内陈设或实用器具。对这部分家具，亟需加强科学管理，避免流失及人为破坏，以更好地保护历史文化遗产，发挥古代文物在精神文明建设中的积极作用。

家具的科学管理，可从鉴定、定名分级、分类、登记、建档、使用和查点等方面来进行。现将各方面内容简述如下。

1.鉴定

现存家具大多为传世品，与考古发掘品不同，一般来说缺乏可靠的科学记录，如不进行认真的科学鉴别和研究，极可能鱼目混珠，真假颠倒。家具的鉴定，就是辨明真伪，确定材质及制作年代，定名分级，评估它的历史价值、科学价值及艺术价值，从而为确保重点，分级管理，加强保护，提高保管质量创造基本条件。

2.定名分级

家具的定名，是为了便于区别，最好能达到"见其名如见其物"，名称要体现该件家具的主要特征。一般来说，定名可由四部分组成：年代、材料、器形特征及功用。如"明紫檀木扇面形官帽椅""明黄花梨无束腰裹腿罗锅枨大画桌""清黄花梨透雕荷花纹太师椅"等。此外，定名要注意规范化。因为同一种家具，全国各地的称呼不同，这就要根据全国通用的名称加以统一。如江浙地区所称的"台子"，定名应为"桌子"。

◎红木竹节纹博古架　清代

79.5厘米×31厘米×121厘米

　　器为方柱形，四柱及隔档均饰竹纹，生动逼真，由一抽一柜五槅组成。可以藏书，也可陈设文玩器具。

为确保对精品的重点保护，还应在鉴定的基础上，对所收的家具定级，一般可根据不同历史价值、科学价值和艺术价值分为三个级别。

3.分类

　　分类即是把具有同一特征的家具归在一起，通常分为椅凳类、桌案类、床榻类、柜架类及其他五大类。

4.登记

　　登记是妥善保管家具及科学管理的关键，也是检查所收家具数量和质量的法律依据，要有一套完整而准确的账簿，包括总登记簿、分类登记簿、使用登记簿等。其中最重要、最根本的是总登记簿。总登

◎黄花梨龙纹大四件柜　清代

287厘米×159厘米×63厘米

　　此柜门板和侧山用楠木细瘿木对开而成，木门轴。原皮壳包浆，原配铜活。

记簿必须由专人保管，并实行账物分管制度。登记时应严格按照规定格式，逐条逐项用不褪色墨水填写，字迹力求工整、清晰。有些机构所收的家具原已登记，可在新的总登记簿表格内增设"原来号"一栏，便于查找和核对。

5.标号

家具的总登记号，应标写在器物上。标写时须注意：

标号应在隐蔽处，不能影响家具的外观，更不能伤及家具本身，如刻划等；

标号的位置应一致，以便查号；

为避免混乱，旧号可除去，但总登记簿中不能遗漏；

标号用漆，色调宜一致，深色家具用淡色漆，淡色家具用深色漆。

6.使用

由于一般机构的文物保护意识较淡薄，因此，对所收家具往往保护不够，最常见的是继续把家具尤其是把一些精品作为实用器物，造成了不应有的人为损坏。为此，家具的使

◎紫檀四出头官帽椅、几（三件） 清代

椅：60厘米×48厘米×120厘米

几：45厘米×45厘米×80厘米

　　四出头官帽椅由紫檀木制成，前后腿足均一木连做，分别与搭脑和扶手相交，靠背独板三曲，在开光内有螭纹雕饰，座面攒框镶板，四足间安步步高赶枨。

◎紫檀嵌玉亭台人物座屏　清代
57.5厘米

◎嵌绿端楠木大漆插屏　清中期
高77厘米

◎红木嵌瘿木面搁台　清代
140.5厘米×69.5厘米×81厘米
　　搁台也即俗称的写字台，以红木制作，面长方形，台和四面均嵌瘿木，材质、做工十分考究。保存完美，配冰裂纹脚踏。

◎红木方角柜　清代
89厘米×41厘米×157厘米
　　顶面长方形，上可放置同样规格的箱子，俗称顶箱柜，双扇门，高足，边线起棱，装饰优美。

◎红木满工博古橱　清代
101厘米×36.5厘米×157厘米
　　橱有九格，下承四个虎爪足，全器满工，采用镂空、高浮雕等技法装饰缠枝莲纹。

用，应视不同级别，制定相应的规定。通常一、二级品，原则上不宜继续作为实用器，而应加以重点保护，仅作陈设用。在开放场所，可划定适当的保护范围，禁止入内。对三级品的使用也要严加控制，尽可能少用、不用或在使用中采取一定的保护措施，如加桌套、椅面等。

7.建档

　　建立每件家具的档案，是科学管理和保护的依据和基础，可采用一物一袋形式，并根据总登记簿编目。档案内容应包括：有关历史资料、鉴定记录、修复记录、使用记录以及照片、拓片、测绘图纸等。档案的形成是一个逐渐积累的过程，应从最初收进时开始收集有关资料。

8.查点

　　定期检查和清点，是家具管理的重要措施。查点时须帐物相对，发现缺损或帐物不符等情况，要及时查明原因，分清责任，酌情处理。查点时，发现其他不利保护的情况，也要尽快解决。如发现家具标号模糊不清，应及时重新标写；发现有腐朽、松动，要及时修理；发现霉变、虫蛀、鼠咬等情况，要及时消毒、施药等。

以上科学管理方法，针对收有较多家具者而言，件数较少的机构及私家不一定适用。但有些还是可以参考的，这既有利于精品的保护，也有利于维护家具的使用价值和经济价值。

二、家具的保养技巧

家具遭受毁坏的原因，除有意识或无意识的人为破坏外，缺乏必要的保护措施也是重要的因素。

由于家具的年份都很悠久，而且家具又不同于其他艺术品，不可能作为一种纯观赏器而放置，它是在使用中传世的，所以，对家具的保养就至关重要。

家具基本分为两大类，一类为硬木家具，即用珍贵的硬木类材质制成的，例如紫檀木、老红木等，这类家具通常不髹漆或者揩漆，以充分显现其天然木质纹理，另一类为软木家具，即用楠木、榉木、松木等木材制成，它的表面通常要用髹漆处理。两类家具都需要进行保养，保养手法大同小异，综述如下。

1. 保持表面清洁

家具在使用中完全暴露在外，易沾灰尘，尤其在雕刻部分，更易积灰，而灰尘中带有种种氧化物及杂物，要及时将这些清除掉，否则就会造成家具表面受腐败蚀。清除尘埃可用鸡毛掸或柔软的巾布，以不损伤家具为准。

2. 避免创伤

不论是软木家具还是硬木家具，毕竟都是木质的，容易造成各种创伤，所以，我们在收藏中要尽量避免撞击与碰击，尤其是金属器具的碰撞。特别是硬木家具的透雕花板，更要留心保护。

3. 忌拖拉搬动

有的家具较大、较重，一般来讲应少搬动为佳，当需要搬动时，一定要抬起来搬，切记不能贪图方便，拖动搬动。因为家具的年代久了，经不起折腾，另外，拖拉容易造成榫头结构松动，从而导致家具散架。

◎红木宝座　清代
111厘米×56厘米×91厘米

◎紫檀卷叶纹半桌　清乾隆
116厘米×40厘米×84.5厘米
　　属承具类，整器通体由紫檀料制成，色泽沉稳典雅。冰盘沿下起高束腰，其上浮雕拱壁纹，牙板深雕卷叶纹及莲纹，并装如意云纹牙头，安装方式特殊，与腿部接缝处理严密。四腿方料，上端浮雕螭龙纹，边起阳线与牙板交圈，足为内翻回纹。

◎红木罗汉床　清代

208厘米×103.5厘米×70厘米

　　罗汉床三围板以镂空环形攒成，中间灵芝纹头内镂雕双龙戏珠。席心床屉，冰盘沿，牙板浮雕双龙戏珠图案，边沿起线并与腿子里口边缘交圈，拱肩，香蕉腿，下踩珠足。

◎紫檀镶云石插屏　清代

44.5厘米×22.5厘米×59.4厘米

　　紫檀插屏选料上乘，做工考究，包浆温润，屏心选用红褐色云石，浮雕苍松流云，亭台楼阁，古人怡然自乐之景。两侧站牙镂雕卷草纹，挡板及披水牙子皆成镂空卷草纹状，表相映成趣之意。

◎红木灵芝纹大供桌　清代
164厘米×83厘米×85厘米
台面长方形，束腰，三弯鳄鱼腿，牙板高浮雕双龙戏珠，另圆雕灵芝纹。

4.防干、防湿

干燥和潮湿，是家具保护的大敌。家具主要由木质纤维材料制成，属吸湿性物质，对干、湿最为敏感。木纤维中一般都含有水分，其含水量通常是本身重量的12%～15%。如空气湿度过低，木材含水量不足，家具会翘曲变形，干裂发脆，缝隙增多、扩大，榫结构松动，强度降低；但空气湿度过高，会使木材膨胀。由于木材膨胀时各个方向不相同（弦向膨胀为6%～13%，径向3%～5%，纵向0.1%～0.8%），故家具会产生扭曲变形。另外，湿度过高，适宜霉菌及害虫的生长繁殖，家具极易发霉、生虫、腐朽。为此，家具的保护，必须要一个湿度适中的环境。

根据古代家具的材料特性，空气的相对湿度应掌握在50%～65%，其升降幅度可采取下列措施加以控制：

（1）防干燥

室内如过于干燥，可置多叶盆栽植物，如花卉盆景等，也可安放盛有清水或浸水纱布的器皿，通过增加水分蒸发，来调节空气湿度。

地面勤洒水。但仅限于泥地、砖石地面或水泥地面。不吸水的地面不宜采用此法。

门窗上装置竹帘，防止日光直射，减缓室内水分蒸发。

（2）防潮湿

室内潮湿往往与建筑不善有关。如墙脚、地面的渗水，返潮，生苔，以及屋顶渗漏、门窗不严、墙面开裂等，均会引起室内潮湿。为此，陈放家具的建筑应经常检修屋面、天沟、泛水、水落、墙面及四周排水系统。此外，如地面经常潮湿，可加补防水层；墙壁潮湿可加护墙板，也可在内墙面刷防潮水泥或防水胶，再涂油漆或粘裱塑料糊墙纸。

有条件的地方可在室内安装空调，以恒定室内气温与相对湿度。

家具的腿脚最易受潮腐朽，故在腿脚下可置硬木桌撒（垫块），以避免潮气直升家具腿木。

掌握室外气候规律，利用自然通风去潮。一般来说，符合下列情况之一时即可打开门窗，实行自然通风以降低室内湿度：室外温、湿度均比室内低；室外温度低于室内，内外相对湿度相等；室外相对湿度低于室内，内外温度相等。如遇不符上述要求的气候条件时，门窗应关闭或加窗帘，以减缓空气对流和日光辐射。

空间较小的室内，可采用吸湿剂降低湿度。常用的吸湿剂有生石灰、木灰等。生石灰的吸水量为1千克吸水0.6千克，当它吸潮化为粉末后，应及时更换，以免水分蒸发和粉末飞扬。木炭的吸水量为1千克吸水0.03千克，其吸湿性较生石灰差，但晒干后仍能复用，比较经济。吸湿剂的用量可按下式计算：

吸湿剂用量=被吸湿的空间容积×当时的绝对湿度（其中绝对湿度=相对湿度×同温下1立方米空气含水蒸气的饱和量）相对湿度可通过各种测量仪器直接读知。

未上漆的家具表面可涂擦四川白蜡（俗称硬蜡，一种昆虫分泌出的蜡质），或其他动、植物天然蜡，以缩小家具吸湿面积，阻止气态、液态水分从家具表面直接渗入木料内，从而保持木材各个方面的膨胀系数相对稳定。与此同时，涂蜡还能使古代家具光滑耐磨、光亮美观及易于除尘。但须注意不要在家具背面、底面等隐蔽处涂擦硬蜡，使木料能通过自然"呼吸"，保持一定的含水量。

5.防光晒

光线对家具有损害作用，这是现代科学研究的结论。光线中的红外线能引起家具表面升温，湿度下降，从而产生翘曲和脆裂。而紫外线的危害更大，它不仅可使家具褪色，还会降低木纤维的机械强度。光照对木纤维的破坏作用是一种渐进的化学变化过程，即使停止光照后，在暗处它还能继续起破坏作用。为了防止光线对家具的损害，可采取下述措施：

安装百叶窗、遮阳板、凉棚、竹帘、布帘等，防止光线直射室内。

在玻璃窗外加设木板窗，或涂上白、绿、红、黄色油漆，降低直射光的强度。

◎红木双劈纹椅、几（三件）　清代
椅：45厘米×68厘米×73厘米
几：25厘米×72厘米

　　选择厚度3毫米以上的门窗玻璃。因为玻璃越厚，吸收紫外光越多。此外，也可选用毛玻璃、花纹玻璃或含氧化铈和氧化钴的玻璃。这些玻璃均具有良好的防紫外线辐射功能。

　　家具陈设的照灯应选用无紫外线灯具。一般来说，钨丝灯的紫外线比荧光灯要少。紫外光含量超过75微瓦／流明的照明灯具，使用时可加紫外线过滤片（树脂片或玻璃片均可），也可用紫外线吸收剂滤掉有害部分。

6.防火

　　家具是极易烧毁的物品。陈放家具的场所应有严格的防火措施：

　　制定各项防火制度。如陈放场所不得吸烟，不能有生产和生活用火，禁止存放柴草、木料等易燃、可燃物品，严禁将煤气、液化石油气等引入室内，安装电灯及其他电气设备，必须符合安全技术规程等。

　　配置消防器材和水源设施（如灭火器、防火水缸、防火沙箱等），有条件的可装烟火报警器；掌握消防常识，熟悉消防器材的存放地点和使用方法；定期检查消防设备。

　　陈放家具的室外通道须保持畅通，一旦发生火警，有利于灭火和抢救。

◎红木双拼大圆桌（附脚踏）　清代
54厘米×74厘米

◎红木八仙桌　清代
85厘米×54厘米

红木炕桌　清代
76厘米×41厘米×26厘米

7. 及时修理

　　家具在使用中不慎发生损坏，或者是部件掉落，要及时修理好。若遇大的损坏，则要请专门的修理作坊修理。在胶合部件时，忌用白胶，要选用骨胶，否则会留下后遗症。

8. 定期上蜡

　　古典木家具要定期上蜡，因为蜡能起到保护家具的作用。旧时有用胡桃肉揩擦红木家具的方法，这种方法较原始也不方便，现在可用"碧丽珠"家具护理喷蜡揩擦，既能去污又能上蜡保护，使用很简便。

◎红木罗汉床、桌（两件） 清代
床：92厘米×45厘米×58厘米；桌：38厘米×28厘米×22厘米

◎红木圈椅（一对） 清代
58厘米×47厘米×74厘米

9.防蛀防虫

木材宜被虫蛀咬，虫害多为各种蛀木虫和白蚁。收藏爱好者可采用化学防蛀法，如置放樟脑。中国古代使用的传统防虫药物有芸草、莽草、秦椒、蜀椒、胡椒、百部草、苦楝子和白矾、雄黄等矿物，收藏者可借鉴使用。

流传至今的明清家具，大致有无需修复、已经修复和尚待修复三种保存状况。其中处于第三种保存状况的明清家具较多。这部分家具大多有不同程度的损坏，如榫结构松动、局部腐朽、构件残缺等。

为了最大限度地保存古代家具的文物价值，修复应严格掌握"按原样修复"的原则。具体地说就是必须按古代家具原有的形式特征、制作手法、构造特点和材料质地来进行，不能随意拆改、添加，破坏原物的面貌和完整性。修复前，须仔细观察和推敲，制订详细具体的修复计划，然后动手操作。切忌在修复中使用铁钉及在榫结构内使用高分子化学粘合材料，防止破坏古代家具易于拆修的传统特点。

传世的家具中，完好无损的已很少见，大量的是经过修复后的实物。因此，对家具修复质量的鉴定，是确定其价值的重要手段。家具修复的标准，应是"按原样修复"和"修旧如旧"。要达到上述修复标准，一定要采用传统的工艺、原有材料和传统辅助材料，再加上过硬的操作技术。鉴定家具的修复质量，首先可看原结构和原部件的恢复情况。凡结构、形式、风格、材种和做工与原物保持一致的，可视作高质量的修复。而那些在修复中已"脱胎换骨""焕然一新"和做工粗糙，依靠上色、嵌缝的，则属失败之例，原物价值会受损。其次，要检查修复中是否采用了传统辅助材料，如竹钉、竹销、硬木销、动物胶等，是否被铁钉、化学粘合剂等现代材料所取代。采用传统辅助材料，能够保持家具易于修复的特点，对珍贵传世家具的保护，具有重要意义。

传世的家具，除大量经过修复以外，还有一部分是从未修复过的。这部分家具中有少量是完好无损之器，但大多数均有这样或那样的缺陷，如松动、散架、缺件、折断、豁裂、变形、腐朽等。因此，判别未加修复家具的保存状况，对价值的确定，是不可忽视的环节。判定家具保存是否良好的原则，主要是看它的结构是否遭到破坏，破坏的程度如何，零部件是否丢损，丢损的数量多少。那些原结构未遭破坏、构件基本完整，仅是松动或是散架的，仍可算作保存完好，保有原物价值。因缺件、折断、豁裂、变形和腐朽，必须更换构件的家具，就不能保持完整的原物价值。其价值高低，要看修复后主体结构的保存情况。

附　　录

一、古代家具常见的榫卯鉴赏

中国古典家具除了优美的造型与名贵的材质，还拥有独一无二的科学性结构。这种结构用在今天的许多方面也并不过时，应该说它是中国古代家具最基本的制作方法。榫卯是指木器制作中物物相衔接的部分，凸者名榫，凹之洞眼则为卯。

以下是几种榫卯结构的简单介绍：

1. 格肩榫

格肩榫是家具结构中方才（或圆材）丁字型结合的常用榫。一般用于柜类中间根和柜腿、门扇边挺得结合，机凳、横根、椅子，以及床围子、桌几、花牙子的横竖材相结合等。

2. 大进小出榫

当大头进入后，裸露出的是一小榫，它是把直才尽头处切去一块留有一段小榫。另有一直材做卯，卯为一半透一半不透，当榫插入时，小榫头露出，而余下部分藏于卯中。

3. 插肩榫

采用四腿接于案面的地方，用正三角形在腿的上端做一个开口，牙条嵌于其中，上置案面，这种制作方法的好处就是案面可以承受更多的重量，四腿上方的榫卯就会因重压而变得更加紧密，条案也就越发坚实牢固。

几种插肩榫：

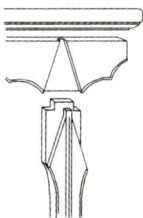
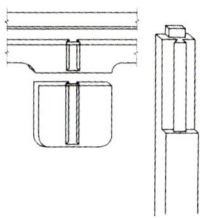
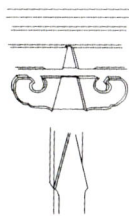

(1)　　　　　　　　(2)　　　　　　　　(3)

4.挖烟袋锅榫

多用于椅的扶手，椅腿及靠背各木件的结合部位，由一阴一阳的榫卯拼合而成。

5.楔钉榫

多用于圈椅、圆形的桌、几等的扶手及饰边，此种榫卯呈圆柱形，两边半圆交搭，并有阴阳榫头互插以便更加结实、稳固，两半圆平齐处，各开有一槽沟，两半圆合拢后槽沟中插入一小方楔钉，其呈梯形状一头大一头小以便于插取，这种制作方法能使弧形器物上下左右都不摇动。

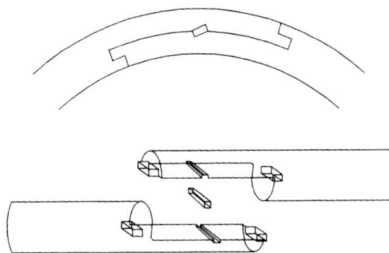

楔钉榫的连接方法

6.卡腰子榫

两材在相交地方上下各切一半，合为一厚度。

7.夹头榫

常用于条案、条桌的制作，腿足接于案面的位置中心开口，把牙头、牙条嵌于其中，再置放于案面或桌面下方，这种制作方法使其条案或条桌不会因年久而产生松动摇摆，压力越大越坚固。于其中，再置放于案面或桌面下方，这种制作方法使其条案或条桌不会因年久而产生松动摇摆，压力越大越坚固。

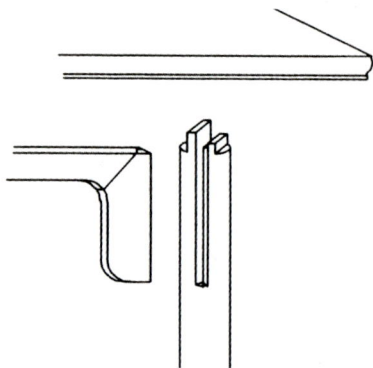

夹头榫

8.抱肩榫

多用在器物的肩部，也常出现在有腰家具的束腰处，腿足束腰位置及器物横尽端处均切45°斜角，并有三角形的榫眼，上下、横面均为半榫，所有物件拼装后上牙板做装饰，设计十分巧妙。

9.棕角榫

多见于桌子、书架、柜子等家具上（大多宝格三个底面与板面就是用这种榫连接），外观的整齐，以及三根木材相交于一点且十分坚固，是它最大的特点，它有直榫、半榫、三角榫之分，其榫卯角度是关键之处，要求拥有非常精确的精度。

几种粽角榫结构简图：

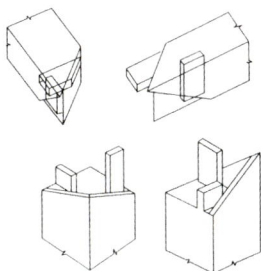 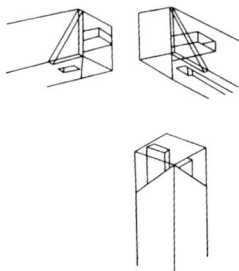 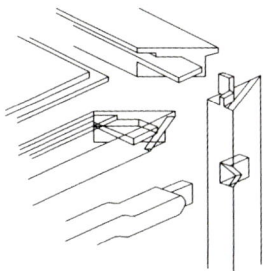

粽角榫结构1　　　　　　　粽角榫结构2　　　　　　　粽角榫结构3

10.攒边格角榫

一般用于椅凳、床榻的四边木框，如四面有长短之分，长边一般出榫头，短边凿出卯眼，长边在做出榫头外还常常加有一个做三角形的小榫，小榫一般有阴暗榫两种做法，它的最大好处就是木框不易变形，且受力是直角和斜角两点共同受力，增加了坚实的程度。格角榫结构图：

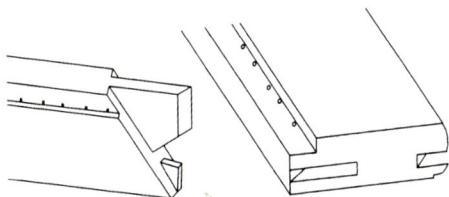 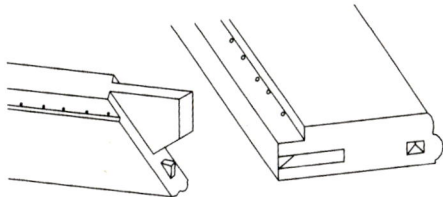

格角榫结构1　　　　　　　　　　　格角榫结构2

另外：椅凳、床榻的四边木框，如四面有长短之分，长边一般出榫头，短边凿出卯眼，长边在做出榫头外还常常加有一个做三角形的小榫，小榫一般有阴暗榫两种做法，它的最大好处就是木框不易变形，且受力是直角和斜角两点共同受力，增加了坚实的程度。

二、几种常用木材材质鉴赏

1.檀香紫檀

中文学名：檀香紫檀。

科属：豆科（LEGUMINOSAE）紫檀属（Pterocarpus）。

俗称：紫檀、小叶紫檀、金星金丝紫檀、牛毛纹紫檀。

拉丁文学名：Pterocarpus santalinus L.F.

英文俗称：Red sandalwood,Red sanders.

产地：印度南部迈索尔邦（Mysore）。

形态特征：乔木，树干通直。树皮深褐色，深裂成长方形薄片。树干、树枝的树液呈深红色。小叶3～5片，一般为椭圆或卵形长9～15厘米呈深红色。花黑色或带黄色条纹，花期为11～12月。果呈圆形，果期4～5月。

木材特征：

①心材颜色：新切面桔红色，久则转为深紫或黑紫，常带浅色和紫黑条纹。

②生长轮：不明显。

③荧光反应：木屑水浸出液紫红色，有荧光。有的紫檀木屑投入水中既有荧光反应，有的则需较长时间，特别是木块浸泡则需更长时间。

④划痕：紫檀木在白墙或厚纸板上均可留下紫红色的明显印记。

⑤气味：一般没有香气或其他气味，有时候锯木时也会散发出积弱的香味。

⑥纹理：纹理交错，有的局部呈绞丝状，纹理卷曲明显，故也称之为"牛毛纹"。

几种檀香紫檀木样本：

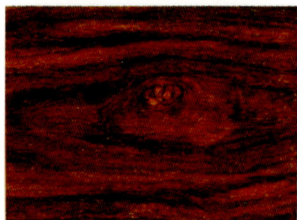

檀香紫檀　　　　满是金星金线的紫檀　　　　"十檀九空"

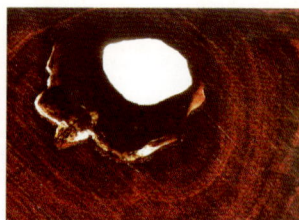

2.黄花梨木

中文学名：降香黄檀。

科属：豆科（LEGUMINOSAE）、黄檀属（Dalbergia）。

俗称：花梨、花黎、花黎母、花狸、降香、降香檀、花榈、榈木、黄花梨、香枝木、香红木。

拉丁文学名：Dalbergia odorifera T.Chen.

英文俗称：Scented Wood,Huanghuali Wood.

产地：中国海南岛。

形态特征：落叶乔木，树高15~20米，胸径60厘米以上，树皮黄灰色，粗糙。羽状复叶，叶长12~25厘米，有小叶9~13片，卵形或椭圆形。花黄色，花期4~6月，荚果带状，长椭圆形，果期10月至次年1月，种子1~3粒。

木材特征：

①心材颜色：新切面紫红色或深紫红色，也有的呈黄色或金黄色。

②生长轮：明显。

③气味：新切面辛辣气浓郁，久则微香。

④纹理：纹理斜或交错，活结处常有变化多端的"鬼脸纹"。

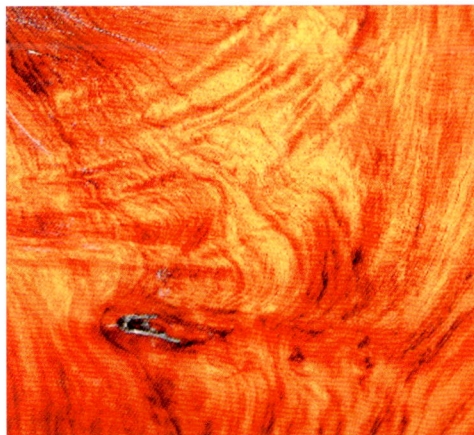
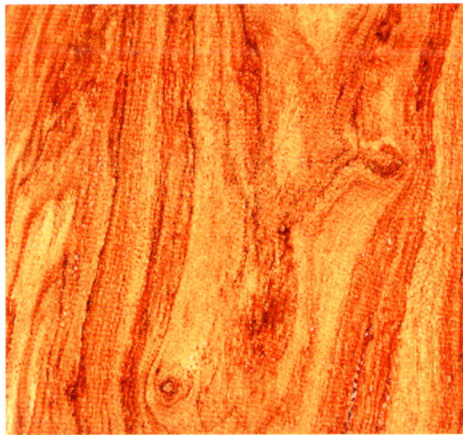

3. 红酸枝木

红酸枝木狭义的红木专指酸枝木。主要是泰国、柬埔寨、越南、老挝、缅甸及东南亚、南亚传统的红木来源地所产的豆科黄檀属的黑酸枝、红酸枝（包括产于缅甸的奥氏黄檀Dalbergiaoliveri；俗称花酸枝、白酸枝）。也就是历史上曾大量使用的酸枝木，不包括目前从非洲或南美进口的酸枝木。

颜色与纹理：材色一般呈深红色，具有深色条纹，木材本色比较一致。如产于越南、老挝的交趾黄檀即多呈红褐色、深褐色、黑褐色条纹，而阔叶黄檀则呈深紫褐色或深紫红色带紫色或黑色条纹。不管家具的年代有多久远，其宽窄不一的深色条纹是老红木不灭的印记。

气味：一般带酸醋味，特别是新剖面。

手感：不如紫檀温润如玉，但也十分细腻棕眼细长。由于老红木的比重较大，有的比紫檀还重，但也十分细腻棕眼细长。由于老红木的比重较大，有的比紫檀还重。

几种酸枝样本：

4. 花梨木

在明清的时候是没有和黄花黎区分开来的，进口的紫檀属花梨木类的木材与产于海南岛的黄檀属的降香黄檀均称为黄花梨，二者属同科但不同属的两类完全不同的木材。

花梨木，豆科紫檀属（Pterocarpus）树种，除檀香紫檀（P.santalinus L.F.）归为紫檀木外，其余69种应为花梨木。按照《红木标准》气干密度未达到0.76克每立方厘米者不能称为花梨木，而只能称为亚花梨，如安哥拉紫檀（P.angolensis，产地非洲中部）、安式紫檀（P.antunesii，热带非洲）、刺紫檀（P.echinatus，产地非律宾）、药用紫檀（P.officinalis，南美洲圭亚那高原）、罗式紫檀（P.rhorii，南美洲圭亚那高原）、非洲紫檀（P.soyauxii，非洲西部、东部）、变色紫檀（P.tunctorius var.chrysothrix），产地为刚果盆地及坦桑尼亚）及堇色紫檀（P.violaceus,产地巴西）。这些花梨木中，非洲紫檀（P.soyauxii）的进口量最大，其次为安哥拉紫檀（P.angolensis）。这两种花梨木被大量地用以冒充东南亚花梨木，市场上叫"红花梨""高绵花梨""巴花""非洲花梨"，并通过染色、做旧及表面涂抹硬化剂冒充黄花黎或缅甸花梨木而在旧货市场、家具城大量销售。这些木材的共同特点为比重普遍较轻，材质疏松，棕眼较长，颜色以红或浅红为主，径级一般在80～160厘米的大径材。

几种花梨木样本：

三、古家具的修复流程和工艺赏析

◎关毅陪同中国文物学会名誉会长谢辰生（左二）中国文物学会会长彭卿云（左一）在故宫乾隆花园文物家具修复工作室视察

◎关毅陪同国家文物局局长宋新潮（右二）与中国文化遗产研究院院长刘曙光（右一）在故宫乾隆花园文物家具修复工作室视察

◎关毅陪同国家文物局古建筑专家组组长，原中国文物学会会长、中国长城学会副会长罗哲文先生与美国世界文化遗产基金会南希女士验收乾隆花园文物家具修复工程

◎关毅在故宫乾隆花园修复现场向美国世界建筑文物保护基金会专员介绍修复流程

◎关毅参与故宫文物家具的勘查与修复